BIM信息技术应用系列图书

BIM
工程项目设计

宋传江　主编

王晓蕾　肖玉锋　副主编

U0317293

化学工业出版社

·北京·

本书以现行行业 BIM 最新标准为依据,针对建设项目设计的难点,选择工程设计过程中的代表性环节,详细阐述 BIM 在工程项目设计中的应用。本书主要包括 BIM 技术简介、BIM 工程项目设计准备、BIM 工程项目建筑设计、BIM 工程项目给水排水及消防系统设计、BIM 暖通系统设计、BIM 工程项目电气设计、BIM 与整合设计、BIM 工程项目设计应用案例等内容。本书在编写过程中,采用图表结合的方式,注重实际工程应用,对 BIM 在工程项目设计代表性环节的应用进行了详细讲解,体现细节化、可操作性强等特点。另外,本书给出了多个典型 BIM 工程项目设计实际案例,读者可通过扫描本书前言中的二维码下载查看。

本书适合建筑工程项目设计人员、建筑工程项目管理人员、工程项目施工技术人员参考使用,也可作为相关院校建筑工程专业师生以及 BIM 培训学校等的参考用书。

图书在版编目(CIP)数据

BIM 工程项目设计/宋传江主编. —北京:化学工业出版社,2018.12(2023.1重印)
(BIM 信息技术应用系列图书)
ISBN 978-7-122-33201-1

Ⅰ.①B… Ⅱ.①宋… Ⅲ.①建筑设计-计算机辅助设计-应用软件 Ⅳ.①TU201.4

中国版本图书馆 CIP 数据核字(2018)第 242285 号

责任编辑:彭明兰 文字编辑:吴开亮
责任校对:王素芹 装帧设计:史利平

出版发行:化学工业出版社(北京市东城区青年湖南街13号 邮政编码100011)
印　　刷:三河市航远印刷有限公司
装　　订:三河市宇新装订厂
787mm×1092mm 1/16 印张14 字数359千字 2023年1月北京第1版第2次印刷

购书咨询:010-64518888 售后服务:010-64518899
网　　址:http://www.cip.com.cn
凡购买本书,如有缺损质量问题,本社销售中心负责调换。

定　　价:73.00元

BIM信息技术应用系列图书

前 言

+ + +

　　BIM 技术是一种多维（三维空间、四维时间、五维成本、N 维更多应用）模型信息集成技术，可以使建设项目的所有参与方（包括政府主管部门、业主、设计、施工、监理、造价、运营管理、项目用户等）在项目从概念产生到完全拆除的整个生命周期内都能在模型中操作信息和在信息中操作模型，从而从根本上改变从业人员依靠传统施工图纸进行项目建设和运营管理的工作方式，实现在建设项目生命周期内提高工作效率和质量以及减少错误和风险的目标。BIM 具有的核心价值主要靠项目可视化、数字化、协同化、模拟化、可优化等特点来体现。

　　BIM 在工程项目设计的具体优势主要体现在以下几个方面。

　　（1）提高设计质量。图档标准的统一；建筑、结构等专业碰撞查错；各视图相关联，一处修改，处处更新；通过三维模型实现与甲方及施工单位的顺畅交流。

　　（2）管线综合。碰撞检查，实现多专业设计协同，减少设计错误。

　　（3）绿色建筑分析应用。通过 BIM 模型，模拟建筑的声学、光学以及建筑物的能耗、舒适度，进而优化其物理性能。

　　（4）工程量统计。通过材料明细表生成所有精确的工程量统计。

　　（5）四维施工模拟及后期施工现场协调。实现可视化的施工模拟，按照施工进度模拟建造过程，施工组织优化，造价控制，实现分阶段统计工程量，科学备工备料。

　　总之，BIM 技术的应用使得复杂烦琐、耗时耗力的工程量计算在设计阶段即可高效完成，具有精准度高、效率高的特点。BIM 技术历史模型数据可服务限额设计，限额设计指标提出后可参考类似工程项目测算造价数据，一方面可提升测算深度与准确度，另一方面也可减少计算量，节约人力与物力成本等。项目设计阶段完成后，BIM 技术可快速完成模型概算，并核对其是否满足要求，从而达到控制投资总额、实现限制设计价值的目标，对于全过程工程项目建设具有积极意义。

　　本书突出了 BIM 技术建筑设计的便捷性，完美展示了 BIM 技术建筑设计的高效性，从多个角度阐述 BIM 技术建筑设计的现代性，丰富的案例生动说明了 BIM 技术项目设计的优越性。本书的主要特点如下：

　　（1）内容新，依据现行国家行业 BIM 最新标准进行编写；

　　（2）针对性强，选取工程项目设计的难点和代表性环节，阐述 BIM 技术在工程项目设计中的应用；

　　（3）注重应用，通过大量的实际工程案例，以图表的方式，详细讲解 BIM 技术在工程中的具体操作过程；

　　（4）附加内容丰富，给出多个典型 BIM 工程项目设计实际案例，读者可以自行扩展阅读。

　　本书由宋传江主编，王晓蕾、肖玉锋副主编，参与编写的还有杨晓方、刘彦林、孙丹、孙兴雷、万雷亮、徐树峰、梁大伟、梁燕、程国强、李志刚、马立棉、张素景、张计锋、马富强。

　　本书在编写过程中得到了多位业内人员的指导和建议，也参考了大量国内外行业技术资料，在此一并感谢。

　　由于时间及水平所限，书中不妥之处在所难免，恳请广大读者批评指正。

编　者
2018 年 12 月

（扫描此二维码可查看
BIM 工程项目设计实际案例）

第七章　BIM与整合设计　192

第八章　BIM工程项目设计应用案例　201

参考文献　214

第一章

BIM技术简介

第一节　BIM 技术概念

一、BIM 技术定义

建筑信息模型（Building Information Modeling）或者建筑信息化管理（Building Information Management）或者建筑信息制造（Building Information Manufacture）是以建筑工程项目的各项相关信息数据作为基础，通过数字信息仿真模拟建筑物所有的真实信息，通过三维建筑模型，实现工程监理、物业管理、设备管理、数字化加工、工程化管理等功能。它具有信息完备性、信息关联性、信息一致性、可视化、协调性、模拟性、优化性和可出图性八大特点。BIM 技术将设计、施工、监理及项目参与方集合在一个平台上，共享建筑信息模型，利于项目可视化、精细化建造。BIM 不像 CAD 一样只是一款软件，而是一种管理手段，是实现建筑业精细化、信息化管理的重要工具。

BIM 技术是根据 BIM 设计过程的资源、行为、交付三个基本信息，给出设计企业的实施标准的具体方法和实践内容。BIM 不是简单地将数字信息进行集成，而是一种数字信息的应用，并可以用于设计、建造、管理的数字化方法。这种方法支持建筑工程的集成管理环境，可以使建筑工程在其整个过程中显著提高效率、大量减少风险。

BIM 技术就是利用创建好的 BIM 模型提升设计质量，减少设计错误，获取、分析工程量成本数据，并为施工建造全过程提供技术支持，为项目参建方提供 BIM 协同平台，有效提升效率，确保建筑在全生命期中的按时、保质、安全、高效、节约完成，并且具备责任可追溯性。

另外，国际智慧建筑组织（Building Smart International，简称 BSI）对 BIM 的定义包括以下三个层次。

① 第一个层次是 "Building Information Model"，中文可称之为 "建筑信息模型"。BSI 对这一层次的解释为：建筑信息模型是一个工程项目物理特征和功能特性的数字化表达，可以作为该项目相关信息的共享知识资源，为项目全生命周期内的所有决策提供可靠的信息支持。

② 第二个层次是 "Building Information Modeling"，中文可称之为 "建筑信息模型应用"。BSI 对这一层次的解释为：建筑信息模型应用是创建和利用项目数据在其全生命周期内进行设计、施工和运营的业务过程，允许所有项目相关方通过不同技术平台之间的数据互用在同一时间利用相同的信息。

③ 第三个层次是"Building Information Management",中文可称之为"建筑信息管理"。BSI对这一层次的解释为:建筑信息管理是指通过使用建筑信息模型内的信息支持项目全生命周期信息共享的业务流程组织和控制过程。建筑信息管理的效益包括集中和可视化沟通、更早地进行多方案比较、可持续分析、高效设计、多专业集成、施工现场控制、竣工资料记录等。

上述三个层次的含义互相之间是有递进关系的,也就是说,首先要有建筑信息模型,然后才能把模型应用到工程项目建设和运维过程中去,有了前面的模型和模型应用,建筑信息管理才会成为有源之水、有本之木。

二、BIM 技术特点

BIM 技术特点见表 1-1。

表 1-1 BIM 技术特点

特点	具 体 内 容
可视化	可视化即"所见所得"的形式。对于建筑行业来说,可视化的真正运用在建筑业的作用是非常大的,例如经常拿到的施工图纸,只是各个构件的信息在图纸上采用线条的绘制表达,但是其真正的构造形式就需要建筑业参与人员去自行想象了。对于一般简单的东西来说,这种想象也未尝不可,但是近几年建筑业的建筑形式各异,复杂造型在不断推出,那么这种光靠人脑去想象的东西就未免有点不太现实了。所以 BIM 提供了可视化的思路,让人们将以往的线条式的构件形成一种三维的立体实物图形展示在人们的面前。建筑业也有设计方出效果图的事情,但是这种效果图是分包给专业的效果图制作团队进行识读设计制作出的线条式信息,并不是通过构件的信息自动生成的,缺少了同构件之间的互动性和反馈性,然而 BIM 提到的可视化是一种能够同构件之间形成互动性和反馈性的可视。在 BIM 建筑信息模型中,由于整个过程都是可视化的,所以可视化的结果不仅可以用于效果图的展示及报表的生成,更重要的是,项目设计、建造、运营过程中的沟通、讨论、决策都在可视化的状态下进行
协调性	协调性是建筑业中的重点内容,不管是施工单位还是业主及设计单位,无不在做着协调及相配合的工作。一旦项目在实施过程中遇到了问题,就要将各有关人士组织起来开协调会,找出问题发生的原因及解决办法,然后做出变更,或采取相应补救措施等,从而使问题得到解决。那么这个问题的协调真的就只能在问题出现后再进行协调吗? 在设计时,往往由于各专业设计师之间的沟通不到位而出现各种专业之间的碰撞问题,例如暖通等专业中的管道在进行布置时,由于施工图纸是各自绘制在各自的施工图纸上的,真正施工过程中,可能在布置管线时正好在此处有结构设计的梁等构件在此妨碍着管线的布置,这种问题就是施工中常遇到的。像这样的碰撞问题的协调解决就只能在问题出现之后再进行解决吗?BIM 的协调性服务就可以帮助处理这种问题,也就是说 BIM 可在建筑物建造前期对各专业的碰撞问题进行协调,生成协调数据,提供出来。 当 BIM 的协调作用也并不是只能解决各专业间的碰撞问题,它还可以解决如电梯井布置与其他设计布置及净空要求的协调、防火分区与其他设计布置的协调、地下排水布置与其他设计布置的协调等
模拟性	模拟性并不是只能模拟设计出建筑物模型,还可以模拟不能够在真实世界中进行操作的事物。在设计阶段,BIM 可以对设计上需要进行模拟的一些东西进行模拟实验,例如:节能模拟、紧急疏散模拟、日照模拟、热能传导模拟等。在招投标和施工阶段可以进行 4D 模拟(三维模型加项目的发展时间),也就是根据施工的组织设计模拟实际施工,从而来确定合理的施工方案来指导施工。 同时还可以进行 5D 模拟(基于 3D 模型的造价控制),从而来实现成本控制;后期运营阶段可以模拟日常紧急情况的处理方式,例如地震发生时人员逃生模拟及火警时消防人员疏散模拟等
优化性	事实上整个设计、施工、运营的过程就是一个不断优化的过程,当然优化和 BIM 也不存在实质性的必然联系,但在 BIM 的基础上可以做更好的优化、更好地做优化。优化受三样东西的制约:信息、复杂程度和时间。没有准确的信息做不出合理的优化结果,BIM 模型提供了建筑物的实际存在的信息,包括几何信息、物理信息、规则信息,还提供了建筑物变化以后的实际状况。 复杂程度高到一定程度,参与人员本身的能力无法掌握所有的信息,必须借助一定的科学技术和设备的帮助。现代建筑物的复杂程度大多超过参与人员本身的能力极限,BIM 及与其配套的各种优化工具提供了对复杂项目进行优化的可能。基于 BIM 的优化可以做下面的工作: ①项目方案优化:把项目设计和投资回报分析结合起来,设计变化对投资回报的影响可以实时计算出来;这样业主对设计方案的选择就不会主要停留在对形状的评价上,而更多的可以使得业主知道哪种项目设计方案更有利于自身的需求

续表

特点	具 体 内 容
优化性	②特殊项目的设计优化：例如裙楼、幕墙、屋顶、大空间到处可以看到异形设计，这些内容看起来占整个建筑的比例不大，但是占投资和工作量的比例和前者相比却往往要大得多，而且通常也是施工难度比较大和施工问题比较多的地方，对这些内容的设计施工方案进行优化，可以带来显著的工期和造价改进
可出图性	运用 BIM 技术可以进行建筑各专业平面、立面、剖面、详图及一些构件加工的图纸输出，但 BIM 并不是为了出大家日常多见的设计院所出的这些设计图纸，而是通过对建筑物进行可视化展示、协调、模拟、优化以后，可以帮建设方出如下图纸：综合管线图（经过碰撞检查和设计修改，消除了相应错误以后）；综合结构留洞图（预埋套管图）；碰撞检查侦错报告和建议改进方案

三、BIM 国内外发展状况

1. BIM 国外发展状况

BIM 国外发展状况见表 1-2。

表 1-2　BIM 国外发展状况

国家	发 展 状 况
美国	美国作为较早启动 BIM 研究的国家之一，其技术与应用都走在世界前列。与世界其他国家相比，美国从政府到公立大学，都在积极推动 BIM 的应用并制订了各自目标及计划。 　　早在 2003 年，美国总务管理局（General Services Administration，GSA）通过其下属的公共建筑服务部（Public Building Service，PBS）、设计管理处（Office of Chief Architect，OCA）创立并推进 3D-4D-BIM 计划，致力于将此计划提升为美国 BIM 应用政策。从创立到现在，GSA 在美国各地已经协助 200 个以上项目实施 BIM，项目总费用高达 120 亿美元。以下为 3D-4D-BIM 计划具体细节： 　　①制订 3D-4D-BIM 计划； 　　②向实施 3D-4D-BIM 计划的项目提供专家支持与评价； 　　③制定对使用 3D-4D-BIM 计划的项目补贴政策； 　　④开发对应 3D-4D-BIM 计划的招标语言（供 GSA 内部使用）； 　　⑤与 BIM 公司、BIM 协会、开放性标准团体及学术/研究机关合作； 　　⑥制定美国总务管理局 BIM 工具包； 　　⑦制作 BIM 门户网站与 BIM 论坛。 　　2006 年，美国陆军工程师兵团（United States Army Corps of Engineers，USACE）发布为期 15 年的 BIM 发展规划（A Road Map for Implementation to Support MILCON Trans formation and Civil Works Projects within the United States Army Corps of Engineers），声明在 BIM 领域成为一个领导者，并制定六项 BIM 应用的具体目标。之后在 2012 年，声明对 USACE 所承担的军用建筑项目强制使用 BIM。此外，他们向一所开发 CAD 与 BIM 技术的研究中心提供资金帮助，并在美国国防部（United States Department of Defense，DoD）内部进行 BIM 培训。同时美国退伍军人部也发表声明称，从 2009 年开始，其所承担的所有新建与改造项目全部将采用 BIM。 　　美国建筑科学研究所（National Institute of Building Sciences，NIBS）建立 NBIMS-USTM 项目委员会，以开发国家 BIM 标准，并研究大学课程添加 BIM 的可行性。2014 年初，NIBS 在新成立的建筑科学在线教育上发布了第一个 BIM 课程，取名为 COBie 简介（the Introduction to COBie）。 　　各州政府机构与国立大学也相继建立 BIM 应用计划。例如，2009 年 7 月，威斯康星州对设计公司要求 500 万美元以上的项目与 250 万美元以上的新建项目一律使用 BIM
英国	英国是由政府主导，与英国政府建设局（UK Government Construction Client Group）在 2011 年 3 月共同发布推行 BIM 战略报告书（Building Information Modeling Working PartyStrategy Paper），同时在 2011 年 5 月由英国内阁办公室发布的政府建设战略（Government Construction Strategy）中正式包含 BIM 的推行。此政策分为 Push 与 Pull，由建筑业（In dustry Push）与政府（Client Pull）为主导发展。 　　Push 的主要内容为：由建筑业主导建立 BIM 文化、技术与流程；通过实际项目建立 BIM 数据库；加大 BIM 培训机会。 　　Pull 的主要内容为：政府站在客户的立场，为使用 BIM 的业主及项目提供资金上的补助；当项目使用 BIM 时，鼓励将重点放在收集可以持续沿用的 BIM 情报，以促进 BIM 的推行。 　　英国政府表明从 2011 年开始，对所有公共建筑项目强制使用 BIM。同时为了实现上述目标，英国政府专门成立 BIM 任务小组（BIM Task Group）主导一系列 BIM 简介会，并且为了提供 BIM 培训项目初期情况，发布 BIM 学习构架。2013 年末，BIM 任务小组发布了一份关于 COBie 要求的报告，以处理基础设施项目信息交换问题

国家	发展状况
芬兰	对于BIM的采用,全世界没有其他国家可以赶得上芬兰。作为芬兰财务部(The Finnish Ministry of Finance)旗下最大的国有企业,国有地产服务公司(Senate Properties)早在2007年就要求在自己的项目中使用IFC/BIM
挪威	挪威政府在2010年发布声明将致力发展BIM。随后众多公共机关开始着手实施BIM。例如,挪威国防产业部(The Norwegian Defense Estates Agency)开始实施三个BIM试点项目。作为公共管理公司和挪威政府主要顾问,Statsbygg要求所有新建建筑使用可以兼容IFC标准的BIM。为了推广BIM的采用,Statsbygg主要对建筑效率、室内导航、基于地理的模拟与能耗计算等BIM应用展开研发项目
丹麦	丹麦政府为了向政府项目提供BIM情报通信技术,在2007年着手实施数字化建设项目(the Digital Construction Project)。通过此项目开发出的BIM要求事项在随后由政府客户,如皇家地产公司(the Palaces&Properties Agency)、国防建设服务公司(the Defense Construction Service)相继使用
瑞典	虽然BIM在瑞典国内建筑业已被采用多年,可是瑞典政府直到2013年才由瑞典交通部(Swedish Transportation Administration)发表声明使用BIM之后开始推行。瑞典交通部同时声明从2015年开始,对所有投资项目强制使用BIM
澳大利亚	2012年澳大利亚政府通过发布国家BIM行动方案(National BIM Initiative)报告制定多项BIM应用目标。这份报告由澳大利亚building SMART协会主导并由建筑环境创新委员会(Built Environment Industry Innovation Council,BEIIC)授权发布。此方案主要提出如下观点:2016年7月1日起,所有的政府采购项目强制性使用全三维协同BIM技术;鼓励澳大利亚州及地区政府采用全三维协同Open BIM技术;实施国家BIM行动方案。 澳大利亚本地建筑业协会同样积极参与BIM推广。例如,机电承包协会(Air Conditioning & Mechanical Contractors' Association,AMCA)发布BIM-MEP行动方案,促进推广澳大利亚建筑设备领域应用BIM与整合式项目交付(Integrated Project Delivery,IPD)技术
新加坡	早在1995年,新加坡启动房地产建造网络(Construction Real Estate NETWORK,CORENET)以推广及要求AEC行业IT与BIM的应用。之后,建设局(Building and Construction Authority,BCA)等新加坡政府机构开始使用以BIM与IFC为基础的网络提交系统(esubmission system)。在2010年,新加坡建设局发布BIM发展策略,要求在2015年建筑面积大于五千平方米的新建建筑项目中,BIM和网络提交系统使用率达到80%。同时,新加坡政府希望在之后10年内,利用BIM技术为建筑业的生产力带来25%的性能提升。2010年,新加坡建设局建立建设IT中心(Center for Construction IT,CCIT)以帮助顾问及建设公司开始使用BIM,并在2011年开发多个试点项目。同时,建设局建立BIM基金以鼓励更多的公司将BIM应用到实际项目上,并多次在全球或全国范围内举办BIM竞赛大会以鼓励BIM创新
日本	2010年,日本国土交通省声明对政府新建与改造项目的BIM试点计划,此为日本政府首次公布采用BIM技术。 除去日本政府机构,一些行业协会也开始将注意力放到BIM应用上。2010年,日本建设业联合会(Japan Federation of Construction Contractors,JFCC)在其建筑施工委员会(Building Construction Committee)旗下建立了BIM专业组,通过标准化BIM的规范与使用方法提高施工阶段BIM所带来的利益
韩国	2012年1月,韩国国土海洋部(Korean Ministry of Land,Transport & Maritime Affairs,MLTM)发布BIM应用发展策略,表明2012年到2015年间对重要项目实施四维BIM应用并从2016年起对所有公共建筑项目使用BIM。另一个国家机构韩国公共采购服务中心(Public Procurement Service,PPS)在2011年发布BIM计划,并计划在2013年到2015年间对总承包费用大于5000万美元的项目使用BIM,并从2016年起对所有政府项目强制性应用BIM技术。 在韩国,以国土海洋部为首的许多政府机构参与BIM研发项目。从2009年起,国土海洋部就持续向多个研发项目进行资金补助,包括名为SEUMTER的建筑许可系统以及一些基于Open BIM的研发项目,如超高层建筑项目的Open BIM信息环境技术(Open BIM Information Environment Technology for the Supertall Buildings Project)、建立可提高设计生产力的基于Open BIM的建筑设计环境(Establishment of Open BIM based Building Design;Environment for Improving Design Productivity)。同样,韩国公共采购服务中心在2011年对造价管理咨询(Cost Management Consulting)研发项目提供资金支持

2. BIM 国内发展

2011 年，中华人民共和国住房和城乡建设部发布《2011—2015 年建筑业信息化发展纲要》，声明在"十二五"期间，基本实现建筑企业信息系统的普及应用，加快建筑信息模型、基于网络的协同工作等新技术在工程中的应用，推动信息化标准建设，促进具有自主知识产权软件的产业化，形成一批信息技术应用达到国际先进水平的建筑企业。这一年被业界普遍认为是中国的"BIM 元年"。

2016 年，中华人民共和国住房和城乡建设部发布《2016—2020 年建筑业信息化发展纲要》，声明全面提高建筑业信息化水平，着力增强 BIM、大数据、智能化、移动通信、云计算、物联网等信息技术集成应用能力，建筑业数字化、网络化、智能化取得突破性进展，初步建成一体化行业监管和服务平台，数据资源利用水平和信息服务能力明显提升，形成一批具有较强信息技术创新能力和信息化应用达到国际先进水平的建筑企业及具有关键自主知识产权的建筑业信息技术企业。

此外，中华人民共和国住房和城乡建设部在 2013 年到 2016 年期间，先后发布若干 BIM 相关指导意见。

① 2016 年以前政府投资的 2 万平方米以上大型公共建筑以及申报绿色建筑项目的设计、施工采用 BIM 技术。

② 截至 2020 年，完善 BIM 技术应用标准、实施指南，形成 BIM 技术应用标准和政策体系；在有关奖项，如全国优秀工程勘察设计奖、鲁班奖（国家优质工程奖）及各行业、各地区勘察设计奖和工程质量最高的评审中，设计应用 BIM 技术的条件。

③ 推进建筑信息模型（BIM）等信息技术在工程设计、施工和运行维护全过程的应用，提高综合效益，推广建筑工程减隔震技术，探索开展白图代替蓝图、数字化审图等工作。

④ 到 2020 年末，建筑行业甲级勘察、设计单位以及特级、一级房屋建筑工程施工企业应掌握并实现 BIM 与企业管理系统和其他信息技术的一体化集成应用。

⑤ 到 2020 年末，以下新立项项目勘察设计、施工、运营维护中，集成应用 BIM 的项目比率达到 90%：以国有资金投资为主的大中型建筑；申报绿色建筑的公共建筑和绿色生态示范小区。

随着 BIM 发展进步，各地方政府按照国家规划指导意见也陆续发布地方 BIM 相关政策，鼓励当地工程建设企业全面学习并使用 BIM 技术，促进企业、行业转型升级，以适应社会发展的需要。

四、BIM 设计应用及价值

从 BIM 的发展可以看到，BIM 最开始的应用就是在设计阶段，然后再扩展到建筑工程的其他阶段。BIM 在方案设计、初步设计、施工图设计的各个阶段均有广泛的应用，尤其是在施工图设计阶段的冲突检测及三维管线综合以及施工图出图方面。

① 可视化功能有效支持设计方案比选。在方案设计和初步分析阶段，利用具有三维可视化功能的 BIM 设计软件，一方面设计师可以快速通过三维几何模型的方式直接表达设计灵感，直接就外观、功能、性能等多方面进行讨论，形成多个设计方案，进行一一比选，最终确定出最优方案；另一方面，在业主进行方案确认时，协助业主针对一些设计构想、设计亮点、复杂节点等通过三维可视化手段予以直观表达或展现，以便了解技术的可行性、建成的效果，以及便于专业之间的沟通协调，及时做出方案的调整。

② 可分析性功能有效支持设计分析和模拟。确定项目的初步设计方案后，需要进行详细的建筑性能分析和模拟，再根据分析结果进行设计调整。BIM 三维设计软件可以导出多

种格式的文件与基于 BIM 技术的分析软件和模拟软件无缝对接，进行建筑性能分析。这类分析与模拟软件包括日照分析、光污染分析、噪声分析、温度分析、安全疏散模拟、垂直交通模拟等，能够对设计方案进行全性能的分析，只要简单地输入 BIM 模型，就可以提供数字化的可视分析图，对提高设计质量有很大的帮助。

③ 集成管理平台有效支持施工图的优化。BIM 技术将传统的二维设计图纸转变为三维模型并整合集成到同一个操作平台中，在该平台通过链接或者复制功能融合所有专业模型，直观地暴露各专业图纸本身的问题以及相互之间的碰撞问题。使用局部三维视图、剖面视图等功能进行修改调整，提高了各专业设计师及负责人之间的沟通效率，在深化设计阶段解决大量设计不合理问题、管线碰撞问题，空间得到最优化，最大限度地提高施工图纸的质量，减少后期图纸变更数量。

④ 参数化协同功能有效支持施工图的绘制。在设计出图阶段，方案的反复修改时常发生，某一专业的设计方案发生修改，其他专业也必须考虑协调问题。基于 BIM 的设计平台所有的视图中（剖面图、三维轴测图、平面图、立面图）构件和标注都是相互关联的，设计过程中只要在某一视图进行修改，其他视图构件和标注也会跟着修改，如图 1-1 所示。不仅如此，施工图纸在 BIM 模型中也是自动生成的，这让设计人员对图纸的绘制、修改的时间大大减少。

图 1-1　一处修改处处更新（关联修正）

在我国的工程设计领域应用 BIM 的部分项目中，BIM 技术已获得比较广泛的应用，除"规范验证"外，其他方面都有应用，应用较多的方面大致如下。

设计中均建立了三维设计模型，各专业设计之间可以共享三维设计模型数据，进行专业协同、碰撞检查，避免数据重复录入。使用相应的软件直接进行建筑、结构、设备等各专业设计，部分专业的二维设计图纸可以从三维设计模型自动生成。可以将三维设计模型的数据导入到各种分析软件，例如能耗分析、日照分析、风环境分析等软件中，快速地进行各种分析和模拟，还可以快速计算工程量并进一步进行工程成本的预测。

美国 building SMART alliance（bSa）在"BIM Project Execution Planning Guide Version 1.0"中，根据当前美国工程建设领域的 BIM 使用情况总结了 BIM 的 20 多种主要应用

（图 1-2）。从图中可以发现，BIM 应用贯穿了建筑的规划、设计、施工与运营四大阶段，多项应用是跨阶段的，尤其是基于 BIM 的"现状建模"与"成本预算"贯穿了建筑的全生命周期。

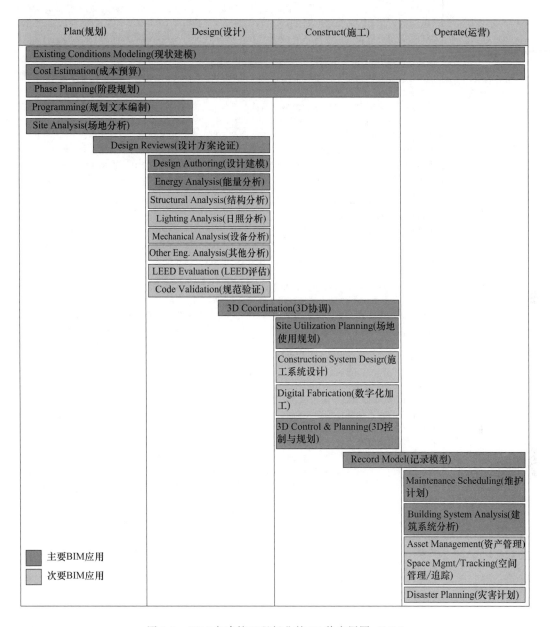

图 1-2　BIM 在建筑工程行业的 25 种应用图（bSa）

　　基于 BIM 技术无法比拟的优势和活力．现今 BIM 已被越来越多的专家应用在各式各样的工程项目中，涵盖了从简单的仓库到形式最为复杂的新建筑。随着建筑物的设计、施工、运营的推进，BIM 将在建筑的全生命周期管理中不断体现其价值。

五、BIM 技术应用趋势

BIM 技术应用趋势见表 1-3。

表 1-3　BIM 技术应用趋势

类别	应　用　趋　势
BIM 技术 与绿色建筑	绿色建筑是指在建筑的全寿命周期内,最大限度地节约资源,包括节能、节地、节水、节材等,保护环境和减少污染,提供健康适用、高效使用、与自然和谐共生的建筑。 　　①BIM 的最重要意义在于它重新整合了建筑设计的流程,其所涉及的建筑生命周期管理(BLM),又恰好是绿色建筑设计的关注和影响对象。真实的 BIM 数据和丰富的构件信息给各种绿色分析软件以强大的数据支持,确保了结果的准确性。BIM 的某些特性(如参数化、构件库等)使建筑设计及后续流程针对上述分析的结果,有非常及时和高效的反馈。绿色建筑设计是一个跨学科、跨阶段的综合性设计过程,而 BIM 模型刚好顺应需求,实现了单一数据平台上各个工种的协调设计和数据集中。BIM 的实施,能将建筑各项物理信息分析从设计后期显著提前,有助于建筑师在方案,甚至概念设计阶段进行绿色建筑相关的决策。 　　②BIM 技术提供了可视化的模型和精确的数字信息统计,将整个建筑的建造模型摆在人们面前,立体的三维感增加人们的视觉冲击和图像印象。而绿色建筑则是根据现代的环保理念提出的,主要是运用高科技设备利用自然资源,实现人与自然的和谐共处。基于 BIM 技术的绿色建筑设计应用主要通过数字化的建筑模型、全方位的协调处理、环保理念的渗透三个方面来进行,实现绿色建筑的环保和节约资源的原始目标,对于整个绿色建筑的设计有很大的辅助作用。 　　结合 BIM 进行绿色设计已经是一个受到广泛关注和认可的系统性方案,也让绿色建筑事业进入一个崭新的时代
BIM 技术与信息化	信息化是指培养、发展以计算机为主的智能化工具为代表的新生产力,并使之造福于社会的历史过程。智能化生产工具与过去生产力中的生产工具不一样的是,它不是一件孤立分散的东西,而是一个具有庞大规模的、自上而下的、有组织的信息网络体系。这种网络性生产工具正改变人们的生产方式、工作方式、学习方式、交往方式、生活方式、思维方式等,使人类社会发生极其深刻的变化。 　　①随着我国国民经济信息化进程的加快,建筑业信息化早些年已经被提上了议事日程。住建部明确指出"建筑业信息化是指运用信息技术,特别是计算机技术和信息安全技术等,改造和提升建筑业技术手段和生产组织方式．提高建筑企业经营管理水平和核心竞争力,提高建筑业主管部门的管理、决策和服务水平。"建筑业的信息化是国民经济信息化的基础之一,而管理的信息化又是实现全行业信息化的重中之重。因此,利用信息化改造建筑工程管理是建筑业健康发展的必由之路。但是,我国建筑工程管理信息化无论从思想认识上,还是在专业推广中都还不成熟,仅有部分企业不同程度地、孤立地使用信息技术的某一部分,且仍没有实现信息的共享、交流与互动。 　　②利用 BIM 技术对建筑工程进行管理,由业主方搭建 BIM 平台,组织业主、监理、设计、施工多方进行工程建造的集成管理和全寿命周期管理。BIM 系统是一种全新的信息化管理系统,目前正越来越多地应用于建筑行业中。它要求参建各方在设计、施工、项目管理、项目运营等各个过程中将所有信息整合在统一的数据库中,通过数字信息仿真模拟建筑物所具有的真实信息,为建筑的全生命周期管理提供平台。在整个系统的运行过程中,要求业主方、设计方、监理方、总包方、分包方、供应方多渠道和多方位地协调,并通过网上文件管理协同平台进行日常维护和管理。BIM 是新兴的建筑信息化技术,同时也是未来建筑技术发展的大势所趋
BIM 技术与 EPC	EPC 工程总承包(Engineering Procurement Construction)是指工程总承包企业按照合同约定,承担工程项目的设计、采购、施工、试运行服务等工作,并对承包工程的质量、安全、工期、造价全面负责。它是以实现"项目功能"为最终目标,是我国目前推行总承包模式最主要的一种。较传统设计和施工分离承包模式,业主方能够摆脱工程建设过程中的杂乱事务,避免人员与资金的浪费;总承包商能够有效减少工程变更、争议、纠纷和索赔的耗损,使资金、技术、管理各个环节的衔接更加紧密;同时,更有利于提高分包商的专业化程度,从而体现 EPC 工程总承包方式的经济效益和社会效益。因此,EPC 总承包越来越被发包人、投资者所欢迎,也被政府有关部门所看重并大力推行。 　　①随着国际工程承包市场的发展,EPC 总承包模式得到越来越广泛的应用。对技术含量高、各部分联系密切的项目,业主往往更希望由一家承包商完成项目的设计、采购、施工和试运行。根据美国设计建造学会(DBIA)的预测,到 2015 年,采用工程总承包模式的项目数将达到 55%,超过以业主分别与设计单位和施工单位签订设计、施工合同为特征的传统建设模式。大型工程项目多采用 EPC 总承包模式,给业主和承包商带来了可观的便利和效益,同时也给项目管理程序和手段,尤其是项目信息的集成化管理提出了新的更高的要求,因为工程项目建设的成功与否在很大程度上取决于项目实施过程中参与各方之间信息交流的透明性和时效性是否能得到满足。工程管理领域的许多问题,如成本的增加、工期的延误等都与项目组织中的信息交流问题有关。传统工程管理组织中信息内容的缺失、扭曲以及传递过程的延误和信息获得成本过高等问题严重阻碍了项目参与各方的信息交流和沟通,也给基于 BIM 的工程项目管理预留了广阔的空间。把 EPC 项目生命周期所产生的大量图纸、报表数据融入以时间、费用为维度进展的 4D、5D 模型中,

续表

类　别	应　用　趋　势
BIM 技术与 EPC	利用虚拟现实技术辅助工程设计、采购、施工、试运行等诸多环节,整合业主、EPC 总承包商、分包商、供应商等各方的信息,增强项目信息的共享和互动,不仅是必要的而且是可能的。 ②与发达国家相比,中国建筑业的信息化水平还有较大的差距。根据中国建筑业信息化存在的问题,结合今后的发展目标及重点,住房和城乡建设部印发的《2011—2015 年建筑业信息化发展纲要》明确提出,中国建筑业信息化的总体目标为:"'十二五'期间,基本实现建筑企业信息系统的普及应用,加快建筑信息模型、基于网络的协同工作等新技术在工程中的应用,推动信息化标准建设,促进具有自主知识产权软件的产业化,形成一批信息技术应用达到国际先进水平的建筑企业。"同时提出:"在专项信息技术应用上,加快推广 BIM、协同设计、移动通信、无线射频、虚拟现实、4D 项目管理等技术在勘察设计、施工和工程项目管理中的应用,改进传统的生产与管理模式,提升企业的生产效率和管理水平。"
BIM 技术与云计算	云计算是一种基于互联网的计算方式,以这种方式共享的软硬件和信息资源可以按需提供给计算机和其他终端使用。 ①BIM 与云计算集成应用,是利用云计算的优势将 BIM 应用转化为 BIM 云服务,基于云计算强大的计算能力,可将 BIM 应用中计算量大且复杂的工作转移到云端,以提升计算效率;基于云计算的大规模数据存储能力,可将 BIM 模型及其相关的业务数据同步到云端,方便用户随时随地访问并与协作者共享;云计算使得 BIM 技术走出办公室,用户在施工现场可通过移动设备随时连接云服务,及时获取所需的 BIM 数据和服务等。 ②根据云的形态和规模,BIM 与云计算集成应用将经历初级、中级和高级发展阶段。初级阶段以项目协同平台为标志,主要厂商的 BIM 应用通过接入项目协同平台,初步形成文档协作级别的 BIM 应用;中级阶段以模型信息平台为标志,合作厂商基于共同的模型信息平台开发 BIM 应用,并组合形成构件协作级别的 BIM 应用;高级阶段以开放平台为标志,用户可根据差异化需要从 BIM 云平台上获取所需的 BIM 应用,并形成自定义的 BIM 应用
BIM 技术与物联网	物联网是通过射频识别、红外感应器、全球定位系统、激光扫描器等信息传感设备,按约定的协议将物品与互联网相连进行信息交换和通信,以实现智能化识别、定位、跟踪、监控和管理的一种网络。 ①BIM 与物联网集成应用,实质上是建筑全过程信息的集成与融合。BIM 技术发挥上层信息集成、交互、展示和管理的作用,而物联网技术则承担底层信息感知、采集、传递、监控的功能。二者集成应用可以实现建筑全过程"信息流闭环",实现虚拟信息化管理与实体环境硬件之间的有机融合。目前 BIM 在设计阶段应用较多,并开始向建造和运维阶段应用延伸。物联网应用目前主要集中在建造和运维阶段,二者集成应用将会产生极大的价值。 ②在工程建设阶段,二者集成应用可提高施工现场安全管理能力,确定合理的施工进度,支持有效的成本控制,提高质量管理水平。如临边洞口防护不到位、部分作业人员高处作业不系安全带等安全隐患在施工现场无处不在,基于 BIM 的物联网应用可实时发现这些隐患并报警提示。高空作业人员的安全帽、安全带、身份识别牌上安装的无线射频识别,可在 BIM 系统中实现精确定位,如果作业行为不符合相关规定,身份识别牌与 BIM 系统中相关定位会同时报警,管理人员可精准定位隐患位置,并采取有效措施避免安全事故发生。在建筑运维阶段,二者集成应用可提高设备的日常维护维修工作效率,提升重要资产的监控水平,增强安全防护能力,并支持智能家居。 ③BIM 与物联网集成应用目前处于起步阶段,尚缺乏数据交换、存储、交付、分类和编码、应用等系统化、可实施操作的集成和实施标准,且面临着法律法规、建筑业现行商业模式、BIM 应用软件等诸多问题,但这些问题将会随着技术的发展及管理水平的不断提高得到解决。BIM 与物联网的深度融合与应用,势必将智能建造提升到智慧建造的新高度,开创智慧建筑新时代,是未来建设行业信息化发展的重要方向之一。未来建筑智能化系统,将会出现以物联网为核心,以功能分类、相互通信兼容为主要特点的建筑"智慧化"大控制系统
BIM 技术与数字加工	数字化是将不同类型的信息转变为可以度量的数字,将这些数字保存在适当的模型中,再将模型引入计算机进行处理的过程。数字化加工则是在应用已经建立的数字模型基础上,利用生产设备完成对产品的加工。 ①BIM 与数字化加工集成,意味着将 BIM 模型中的数据转换成数字化加工所需的数字模型,制造设备可根据该模型进行数字化加工。目前,主要应用在预制混凝土板生产、管线预制加工和钢结构加工 3 个方面。一方面,工厂精密机械自动完成建筑物构件的预制加工,不仅制造出的构件误差小,生产效率也可大幅提高;另一方面,建筑中的门窗、整体卫浴、预制混凝土结构和钢结构等许多构件,均可异地加工,再被运到施工现场进行装配,既可缩短建造工期,也容易掌控质量。 ②深圳平安金融中心为超高层项目,有十几万平方米风管加工制作安装量,如果采用传统的现场加工制作安装,不仅大量占用现场场地,而且受垂直运输影响,效率低下。为此,该项目探索基

类别	应 用 趋 势
BIM技术与 数字加工	于BIM的风管工厂化预制加工技术,将制作工序移至场外,由专门加工流水线高效切割完成风管制作,再运至现场指定楼层完成组合拼装。在此过程中依靠BIM技术进行预制分段和现场施工误差测控,大大提高了施工效率和工程质量。 ③将以建筑产品三维模型为基础,进一步加入资料、构件制造、构件物流、构件装置以及工期、成本等信息,以可视化的方法完成BIM与数字化加工的融合。同时,更加广泛地发展和应用BIM技术与数字化技术的集成,进一步拓展信息网络技术、智能卡技术、家庭智能化技术、无线局域网技术、数据卫星通信技术、双向电视传输技术等与BIM技术的融合
BIM技术与 智能全站仪	施工测量是工程测量的重要内容,包括施工控制网的建立、建筑物的放样、施工期间的变形观测和竣工测量等内容。近年来,外观造型复杂的超大、超高建筑日益增多,测量放样主要使用全站型电子速测仪(简称全站仪)。随着新技术的应用,全站仪逐步向自动化、智能化方向发展。智能全站仪由马达驱动,在相关应用程序控制下,在无人干预的情况下可自动完成多个目标的识别、照准与测量,且在无反射棱镜的情况下可对一般目标直接测距。 ①BIM与智能型全站仪集成应用,是通过对软件、硬件进行整合,将BIM模型带入施工现场,利用模型中的三维空间坐标数据驱动智能型全站仪进行测量。二者集成应用,将现场测绘所得的实际建造结构信息与模型中的数据进行对比,核对现场施工环境与BIM模型之间的偏差,为机电、精装、幕墙等专业的深化设计提供依据。同时,基于智能型全站仪高效精确的放样定位功能,结合施工现场轴线网、控制点及标高控制线,可高效快速地将设计成果在施工现场进行标定,实现精确的施工放样,并为施工人员提供更加准确直观的施工指导。此外,基于智能型全站仪精确的现场数据采集功能,在施工完成后对现场实物进行实测实量,通过对实测数据与设计数据进行对比,检查施工质量是否符合要求。 BIM与智能型全站仪集成放样,精度可控制在3mm以内,而一般建筑施工要求的精度在1~2cm,远超传统施工精度。传统放样最少要两人操作,BIM与智能型全站仪集成放样,一人一天可完成几百个点的精确定位,效率是传统方法的6~7倍。 ②国外已有很多企业在施工中将BIM与智能型全站仪集成应用进行测量放样,而我国尚处于探索阶段,只有深圳市城市轨道交通9号线、深圳平安金融中心和北京望京SOHO等少数项目应用。未来,二者集成应用将与云技术进一步结合,使移动终端与云端的数据实现双向同步;还将与项目质量管控进一步融合,使质量控制和模型修正无缝融入原有工作流程,进一步提升BIM应用价值
BIM技术与GIS	地理信息系统是用于管理地理空间分布数据的计算机信息系统,以直观的地理图形方式获取、存储、管理、计算、分析和显示与地球表面位置相关的各种数据,英文缩写为GIS。BIM与GIS集成应用是通过数据集成、系统集成或应用集成来实现的,可在BIM应用中集成GIS,也可以在GIS应用中集成BIM,或是BIM与GIS深度集成,以发挥各自优势,拓展应用领域。目前,二者集成在城市规划、城市交通分析、城市微环境分析、市政管网管理、住宅小区规划、数字防灾、既有建筑改造等诸多领域有所应用,与各自单独应用相比,在建模质量、分析精度、决策效率、成本控制水平等方面都有明显提高。 ①BIM与GIS集成应用,可提高长线工程和大规模区域性工程的管理能力。BIM的应用对象往往是单个建筑物,利用GIS宏观尺度上的功能,可将BIM的应用范围扩展到道路、铁路、隧道、水电、港口等工程领域。如邢汾高速公路项目开展BIM与GIS集成应用,实现了基于GIS的全线宏观管理、基于BIM的标段管理以及桥隧精细管理相结合的多层次施工管理。 ②BIM与GIS集成应用,可增强大规模公共设施的管理能力。现阶段,BIM应用主要集中在设计、施工阶段,而二者集成应用可解决大型公共建筑、市政及基础设施的BIM运维管理,将BIM应用延伸到运维阶段。如昆明新机场项目将二者集成应用,成功开发了机场航站楼运维管理系统,实现了航站楼物业、机电、流程、库存、报修与巡检等日常运维管理和信息动态查询。 ③BIM与GIS集成应用,还可以拓宽和优化各自的应用功能。导航是GIS应用的一个重要功能,但仅限于室外。二者集成应用,不仅可以将GIS的导航功能拓展到室内,还可以优化GIS已有的功能。如利用BIM模型对室内信息的精细描述,可以保证在发生火灾时室内逃生路径是最合理的,而不再只是路径最短。 ④随着互联网的高速发展,基于互联网和移动通信技术的BIM与GIS集成应用,将改变二者的应用模式,向着网络服务的方向发展。当前,BIM和GIS不约而同地开始融合云计算这项新技术,分别出现了"云BIM"和"云GIS"的概念,云计算的引入将使BIM和GIS的数据存储方式发生改变,数据量级也将得到提升,其应用也会得到跨越式发展

续表

类别	应 用 趋 势
BIM 技术 与 3D 扫描	3D 扫描是集光、机、电和计算机技术于一体的高新技术,主要用于对物体空间外形、结构及色彩进行扫描,以获得物体表面的空间坐标,具有测量速度快、精度高、使用方便等优点,且其测量结果可直接与多种软件接口。3D 激光扫描技术又被称为实景复制技术,采用高速激光扫描测量的方法,可大面积高分辨率地快速获取被测量对象表面的 3D 坐标数据,为快速建立物体的 3D 影像模型提供了一种全新的技术手段。3D 激光扫描技术可有效完整地记录工程现场复杂的情况,通过与设计模型进行对比,直观地反映出现场真实的施工情况,为工程检验等工作带来巨大帮助。同时,针对一些古建类建筑,3D 激光扫描技术可快速准确地形成电子化记录,形成数字化存档信息,方便后续的修缮改造等工作。此外,对于现场难以修改的施工现状,可通过 3D 激光扫描技术得到现场真实信息,为其量身定做装饰构件等材料。 　　①BIM 与 3D 扫描技术的集成,是将 BIM 模型与所对应的 3D 扫描模型进行对比、转化和协调,达到辅助工程质量检查、快速建模、减少返工的目的,可解决很多传统方法无法解决的问题,目前正越来越多地被应用在建筑施工领域,在施工质量检测、辅助实际工程量统计、钢结构预拼装等方面体现出较大价值。例如,将施工现场的 3D 激光扫描结果与 BIM 模型进行对比,可检查现场施工情况与模型、图纸的差别,协助发现现场施工中的问题,这在传统方式下需要工作人员拿着图纸、皮尺在现场检查,费时又费力。 　　②针对土方开挖工程中较难统计测算土方工程量的问题,可在开挖完成后对现场基坑进行 3D激光扫描,基于点云数据进行 3D 建模,再利用 BIM 软件快速测算实际模型体积,并计算现场基坑的实际挖掘土方量。此外,通过与设计模型进行对比,还可以直观了解基坑挖掘质量等其他信息。上海中心大厦项目引入大空间 3D 激光扫描技术,通过获取复杂的现场环境及空间目标的3D 立体信息,快速重构目标的 3D 模型及线、面、体、空间等各种带有 3D 坐标的数据,再现客观事物真实的形态特性。同时,将依据点云建立的 3D 模型与原设计模型进行对比,检查现场施工情况,并通过采集现场真实的管线及龙骨数据建立模型,作为后期装饰等专业深化设计的基础。BIM 与 3D 扫描技术的集成应用,不仅提高了该项目的施工质量检查效率和准确性,也为装饰等专业深化设计提供了依据
BIM 技术与 虚拟现实	虚拟现实,也称作虚拟环境或虚拟真实环境,是一种三维环境技术,集先进的计算机技术、传感与测量技术、仿真技术、微电子技术等为一体,借此产生逼真的视、听、触、力等三维感觉环境,形成一种虚拟世界。虚拟现实技术是人们运用计算机对复杂数据进行的可视化操作,与传统的人机界面以及流行的视窗操作相比,虚拟现实在技术思想上有了质的飞跃。 　　①BIM 技术的理念是建立涵盖建筑工程全生命周期的模型信息库,并实现各个阶段、不同专业之间基于模型的信息集成和共享。BIM 与虚拟现实技术集成应用,主要内容包括虚拟场景构建、施工进度模拟、复杂局部施工方案模拟、施工成本模拟、多维模型信息联合模拟以及交互式场景漫游,目的是应用 BIM 信息库,辅助虚拟现实技术更好地在建筑工程项目全生命周期中应用。 　　②BIM 与虚拟现实技术集成应用,可提高模拟的真实性。传统的二维、三维表达方式只能传递建筑物单一尺度的部分信息,使用虚拟现实技术可展示一栋活生生的虚拟建筑物,使人产生身临其境之感,并且可以将任意相关信息整合到已建立的虚拟场景中,进行多维模型信息联合模拟,可以实时、任意视角查看各种信息与模型的关系,指导设计、施工,辅助监理、监测人员开展相关工作。 　　③BIM 与虚拟现实技术集成应用,可有效支持项目成本管控。据不完全统计,一个工程项目大约有 30%的施工过程需要返工,60%的劳动力资源被浪费,10%的材料被损失浪费。不难推算,在庞大的建筑施工行业中每年约有万亿元的资金流失。BIM 与虚拟现实技术集成应用,通过模拟工程项目的建造过程,在实际施工前即可确定施工方案的可行性及合理性,减少或避免设计中存在的大多数错误;可以方便地分析出施工工序的合理性,生成对应的采购计划和财务分析费用列表,高效地优化施工方案;还可以提前发现设计和施工中的问题,对设计、预算、进度等属性及时更新,并保证获得数据信息的一致性和准确性。二者集成应用,在很大程度上可减少建筑施工行业中普遍存在的低效、浪费和返工现象,大大缩短项目计划和预算编制的时间,提高计划和预算的准确性。 　　④BIM 与虚拟现实技术集成应用,可有效提升工程质量。在施工之前,将施工过程在计算机上进行三维仿真演示,可以提前发现并避免在实际施工中可能遇到的各种问题,如管线碰撞、构件安装等,以便指导施工和制定最佳施工方案,从整体上提高建筑施工效率,确保工程质量,消除安全隐患,并有助于降低施工成本与时间耗费。 　　⑤BIM 与虚拟现实技术集成应用,可提高模拟工作中的可交互性。在虚拟的三维场景中,可以实时地切换不同的施工方案,在同一个观察点或同一个观察序列中感受不同的施工过程,有助于比较不同施工方案的优势与不足,以确定最佳施工方案。同时,还可以对某个特定的局部进行修改,并实时地与修改前的方案进行分析比较。此外,还可以直接观察整个施工过程的三维虚拟环境,快速查看到不合理或者错误之处,避免施工过程中的返工。 　　虚拟施工技术在建筑施工领域的应用将是一个必然趋势,在未来的设计、施工中的应用前景广阔,必将推动我国建筑施工行业迈入一个崭新的时代

类　别	应　用　趋　势
BIM技术 与3D打印	3D打印技术是一种快速成型技术,是以三维数字模型文件为基础,通过逐层打印或粉末熔铸的方式来构造物体的技术,综合了数字建模技术、机电控制技术、信息技术、材料科学与化学等方面的前沿技术。 　　①BIM与3D打印的集成应用,主要是在设计阶段利用3D打印机将BIM模型微缩打印出来,供方案展示、审查和进行模拟分析;在建造阶段采用3D打印机直接将BIM模型打印成实体构件和整体建筑,部分替代传统施工工艺来建造建筑。BIM与3D打印的集成应用,可谓两种革命性技术的结合,为建筑从设计方案到实物的过程开辟了一条"高速公路",也为复杂构件的加工制作提供了更高效的方案。目前,BIM与3D打印技术集成应用有三种模式:基于BIM的整体建筑3D打印、基于BIM和3D打印制作复杂构件、基于BIM和3D打印的施工方案实物模型展示。 　　②基于BIM的整体建筑3D打印:应用BIM进行建筑设计,将设计模型交付专用3D打印机,打印出整体建筑物。利用3D打印技术建造房屋,可有效降低人力成本,作业过程基本不产生扬尘和建筑垃圾,是一种绿色环保的工艺,在节能降耗和环境保护方面较传统工艺有非常明显的优势。 　　③基于BIM和3D打印制作复杂构件:传统工艺制作复杂构件,受人为因素影响较大,精度和美观度不可避免地会产生偏差。而3D打印机由计算机操控,只要有数据支撑,便可将任何复杂的异形构件快速、精确地制造出来。BIM与3D打印技术集成进行复杂构件制作,不再需要复杂的工艺、措施和模具,只需将构件的BIM模型发送到3D打印机,短时间内即可将复杂构件打印出来,缩短了加工周期,降低了成本,且精度非常高,可以保障复杂异形构件几何尺寸的准确性和实体质量。 　　④基于BIM和3D打印的施工方案实物模型展示:用3D打印制作的施工方案微缩模型,可以辅助施工人员更为直观地理解方案内容,携带、展示不需要依赖计算机或其他硬件设备,还可以360°全视角观察,克服了打印3D图片和三维视频角度单一的缺点。 　　⑤随着各项技术的发展,现阶段BIM与3D打印技术集成存在的许多技术问题将会得到解决,3D打印机和打印材料价格也会趋于合理,应用成本下降也会扩大3D打印技术的应用范围,提高施工行业的自动化水平。虽然在普通民用建筑大批量生产的效率和经济性方面,3D打印建筑较工业化预制生产没有优势,但在个性化、小数量的建筑上,3D打印的优势非常明显。随着个性化定制建筑市场的兴起,3D打印建筑在这一领域的市场前景非常广阔
BIM技术与构件库	当前,设计行业正在进行着第二次技术变革,基于BIM理念的三维化设计已经被越来越多的设计院、施工企业和业主所接受,BIM技术是解决建筑行业全生命周期管理,提高设计效率和设计质量的有效手段。住房和城乡建设部在《2011—2015年建筑业信息化发展纲要》中明确提出在"十二五"期间将大力推广BIM技术等在建筑工程中的应用,国内外的BIM实践也证明,BIM能够有效解决行业上下游之间的数据共享与协作问题。目前国内流行的建筑行业BIM类软件均是以搭积木方式实现建模,是以构件(比如Revit称之为"族",PDMS称之为"元件")为基础的。 　　①含有BIM信息的构件不但可以为工业化制造、计算选型、快速建模、算量计价等提供支撑,也为后期运营维护提供必不可少的信息数据。信息化是工程建设行业发展的必然趋势,设备数据库如果能有效地和BIM设计软件、物联网等融合,无论是工程建设行业运作效率的提高,还是对设备厂商的设备推广,都会起到很大的促进作用。 　　②BIM设计时代已经到来,工程建设工业化是大势所趋,构件是建立BIM模型和实现工业化建造的基础,BIM设计效率的提高取决于BIM构件库的完善水平,对这一重要知识资产的规范化管理和使用,是提高设计院设计效率,保障交付成果的规范性与完整性的重要方法。因此,高效的构件库管理系统是企业BIM化设计的必备利器
BIM技术与 装配式结构	装配式建筑是用预制的构件在工地装配而成的建筑,是我国建筑结构发展的重要方向之一,它有利于我国建筑工业化的发展,提高生产效率节约能源,发展绿色环保建筑,并且有利于提高和保证建筑工程质量。与现浇施工工法相比,装配式RC结构有利于绿色施工,因为装配式施工更能符合绿色施工的节地、节能、节材、节水和环境保护等要求,降低对环境的负面影响,包括降低噪声,防止扬尘,减少环境污染,清洁运输,减少场地干扰,节约水、电、材料等资源和能源,遵循可持续发展的原则。而且,装配式结构可以连续地按顺序完成工程的多个或全部工序,从而减少进场的工程机械种类和数量,消除工序衔接的停闲时间,实现立体交叉作业,减少施工人员,从而提高工效、降低物料消耗、减少环境污染,为绿色施工提供保障。另外,装配式结构在较大程度上减少建筑垃圾(占城市垃圾总量的30%～40%)。如废钢筋、废铁丝、废竹木材、废弃混凝土等。 　　①2013年1月1日,国务院办公厅转发《绿色建筑行动方案》,明确提出将"推动建筑工业化"列为十大重要任务之一。同年11月7日,全国政协主席俞正声主持全国政协双周协商座谈会,建言"建筑产业化",这标志着推动建筑产业化发展已成为最高级别国家共识,也是国家首次将建筑产业化落实到政策扶持的有效举措。随着政府对建筑产业化的不断推进,建筑信息化水平低已经成为建筑产业化发展的制约因素,如何应用BIM技术提高建筑产业信息化水平,推进建筑产业化向更高阶段发展,已经成为当前一个新的研究热点

类别	应用趋势
BIM技术与 装配式结构	②利用BIM技术能有效提高装配式建筑的生产效率和工程质量,将生产过程中的上下游企业联系起来,真正实现以信息化促进产业化。借助BIM技术三维模型的参数化设计,使得图纸生成修改的效率有了很大幅度的提高,克服了传统拆分设计中的图纸量大、修改困难的难题;钢筋的参数化设计提高了钢筋设计精确性,加大了可施工性。加上时间进度的4D模拟,进行虚拟化施工,提高了现场施工管理的水平,降低了施工工期,减少了图纸变更和施工现场的返工,节约投资。因此,BIM技术的使用能够为预制装配式建筑的生产提供有效帮助,使得装配式工程精细化这一特点更为容易实现,进而推动现代建筑产业化的发展,促进建筑业发展模式的转型

第二节　BIM建模要求及标准

一、BIM建模要求

大型项目模型的建立涉及专业多、楼层多、构件多,BIM模型的建立一般是分层、分区、分专业。为了保证各专业建模人员以及相关分包在模型建立过程中能够进行及时有效的协同,确保大家的工作能够有效对接,同时保证模型的及时更新,BIM团队在建立模型时应遵从一定的建模规则,以保证每一部分的模型在合并之后的融合度,避免出现模型质量、深度等参差不齐的现象。对BIM模型建立的要求见表1-4。BIM建模建议见表1-5。

表1-4　BIM模型建立要求

建模要求	具体内容
模型命名规则	大型项目模型分块建立,建模过程中随着模型深度的加深、设计变更的增多,BIM模型文件数量成倍增长。为区分不同项目、不同专业、不同时间创建的模型文件,缩短寻找目标模型的时间,建模过程中应统一使用一个命名规则
模型深度控制	在建筑设计、施工的各个阶段,所需要的BIM模型的深度不同,如建筑方案设计阶段仅需要了解建筑的外观、整体布局,而施工工程量统计则需要了解每一个构件的尺寸、材料、价格等。这就需要根据工程需要,针对不同项目、项目实施的不同阶段建立对应标准的BIM模型
模型质量控制	BIM模型的用处大体体现在以下两个方面:可视化展示与指导施工。不论哪个方面,都需要对BIM模型进行严格的质量控制,才能充分发挥其优势,真正用于指导施工
模型准确度控制	BIM模型是利用计算机技术实现对建筑的可视化展示,需保持与实际建筑的高度一致性,才能运用到后期的结构分析、施工控制及运维管理中
模型完整度控制	BIM模型的完整度包含两部分:一是模型本身的完整度,二是模型信息的完整度。模型本身的完整度应包括建筑的各楼层、各专业到各构件的完整展示。模型信息的完整度包含工程施工所需的全部信息,各构件信息都为后期工作提供有力依据。如钢筋信息的添加给后期二维施工图中平法标注自动生成提供属性信息
模型文件大小控制	BIM软件因包含大量信息,占用内存大,建模过程中控制模型文件的大小,避免对电脑的损耗及建模时间的浪费
模型整合标准	对各专业、各区域的模型进行整合时,应保证每个子模型的准确性,并保证各子模型的原点一致
模型交付规则	模型的交付完成建筑信息的传递,交付过程应注意交付文件的整理,保持建筑信息传递的完整性

表1-5　BIM建模建议

建模建议	具体内容
BIM移动终端	基于网络采用笔记本电脑、移动平台等进行模型建立及修改
模型命名规则	制定相应模型的命名规则,方便文件筛选与整理
模型深度控制	BIM制图需按照美国建筑师学会(American Institute of Architects,AIA)制定的模型详细等级(Level of Detail,LOD)来控制BIM模型中的建筑元素的深度

续表

建模建议	具 体 内 容
模型准确度控制	模型准确度的校检遵从以下步骤: ①建模人员自检,检查的方法是结合结构常识与二维图纸进行对照调整; ②专业负责人审查; ③合模人员自检,主要检查对各子模型的缝接是否准确; ④项目负责人审查
模型完整度控制	应保证BIM模型本身的完整度及相关信息的完整度,尤其注意保证关键及复杂部位的模型完整度。BIM模型本身应精确到螺栓的等级,如对机电构件,检查阀门、管件是否完备;对发电机组,检查其油箱、油泵和油管是否完备。BIM模型信息的完整度体现在构件参数的添加上,如对柱构件,检查材料、截面尺寸、长度、配筋、保护层厚度信息是否完整等
模型文件大小控制	BIM模型超过200MB必须拆分为若干个文件,以减轻电脑负荷及软件崩溃概率。控制模型文件大小在规定范围内的方法如下: ①分区、分专业建模,最后合模; ②族文件建立时,建模人员应使相互构件间关系条理清晰,减少不必要的嵌套; ③图层尽量符合前期CAD制图命名的习惯,避免垃圾图层的出现
模型整合标准	模型整合前期应确保子模型的准确性,这需要项目负责人员根据BIM建模标准对子模型进行审核,并在整合前进行无用构件、图层的删除整理,注意保持各子模型在合模时原点及坐标系的一致性
模型交付规则	BIM模型建成后在进一步移交给施工方或业主方时,应遵从规定的交付准则。模型的交付应按相关专业、区域的划分创建相应名称的文件夹,并链接相关文件;交付Word版模型详细说明

二、工作集划分原则

为了保证建模工作的有效协同和后期的数据分析,需对各专业的工作集划分、系统命名进行规范化管理,并将不同的系统、工作集分别赋予不同颜色加以区分,方便后期模型的深化调整。由于每个项目需求不同,在一个项目中的有效工作集划分标准未必适用于另一个项目,故应尽量避免把工作集想象成传统的图层或者图层标准,划分标准并非一成不变。

建议综合考虑项目的具体状况和人员状况,按照表的工作集划分标准进行工作集划分。为了确保硬件运行性能,工作集划分的基本原则是:对于大于50MB的文件都应进行检查,考虑是否能进行进一步划分。理论上,文件的大小不应超过200MB。工作集划分的大致标准见表1-6。

如可以将设备专业工作集划分为4大系统,分别为通风系统、电气系统、给排水系统和空调水系统,每个系统的内部工作集划分、系统命名及颜色显示分表见表1-7~表1-10。

表1-6 工作集划分标准

标准	说明
按照专业划分	
按照楼层划分	如B01、B05等
按照项目的建造阶段划分	
按照材料类型划分	
按照构件类别与系统划分	

表1-7 通风系统的工作集划分、系统命名及颜色显示

系统名称	工作集名称	颜色编号(红/绿/蓝)
送风	送风	深粉色 RGB247/150/070
排烟	排烟	绿色 RGB146/208/080
新风	新风	深紫色 RGB096/073/123
采暖	采暖	灰色 RGB127/127/127
回风	回风	深棕色 RGB099/037/035
排风	排风	深橘红色 RGB255/063/000
除尘管	除尘管	黑色 RGB013/013/013

表 1-8　电气系统的工作集划分、系统命名及颜色显示

系统名称	工作集名称	颜色编号(红/绿/蓝)
弱电	弱电	粉红色 RGB255/127/159
强电	强电	蓝色 RGB000/112/192
电消防——控制		洋红色 RGB255/000/255
电消防——消防	电消防	青色 RGB000/255/255
电消防——广播		棕色 RGB117/146/060
照明	照明	黄色 RGB255/255/000
避雷系统(基础接地)	避雷系统(基础接地)	浅蓝色 RCB168/190/234

表 1-9　给排水系统的工作集划分、系统命名及颜色显示

系统名称	工作集名称	颜色
市政给水管	市政加压给水管	绿色 RGB000/255/000
加压给水管		
市政中水给水管	市政中水给水管	黄色 RGB255/255/000
消火栓系统给水管	消火栓系统给水管	青色 RGB000/255/255
自动喷洒系统给水管	自动喷洒系统给水管	洋红色 RGB255/000/255
消防转输给水管	消防转输给水管	橙色 RGB255/128/000
污水排水管	污水排水管	棕色 RGB128/064/064
污水通气管	污水通气管	蓝色 RGB000/000/064
雨水排水管	雨水排水管	紫色 RGB128/000/255
有压雨水排水管	有压雨水排水管	深绿色 RGB000/064/000
有压污水排水管	有压污水排水管	金棕色 RGB255/162/068
生活供水管	生活供水管	浅绿色 RGB128/255/128
中水供水管	中水供水管	藏蓝色 RGB000/064/128
软化水管	软化水管	玫红色 RGB255/000/128

表 1-10　空调水系统的工作集划分、系统命名及颜色显示

系统名称	工作集名称	颜色
空调冷热水回水管		
空调冷水回水管	空调水回水管	浅紫色 RGB185/125/255
空调冷却水供水管		
空调冷热水供水管		
空调热水供水管	空调水供水管	蓝绿色 RGB000/128/128
空调冷水供水管		
空调冷却水回水管		
制冷剂管道	制冷剂管道	粉紫色 RGB128/025/064
热媒回水管	热媒回水管	浅粉色 RGB255/128/255
热媒供水管	热媒供水管	深绿色 RGB000/128/000
膨胀管	膨胀管	橄榄绿 RGB128/128/000
采暖回水管	采暖回水管	浅黄色 RGB255/255/128
采暖供水管	采暖供水管	粉红色 RGB255/128/128
空调自流冷凝水管	空调自流冷凝水管	深棕色 RGB128/000/000
冷冻水管	冷冻水管	蓝色 RGB000/000/255

三、信息模型命名标准

在项目标准中，对模型、视图、构件等的具体命名方式制定相应的规则，实现模型建立和管理的规范化，方便各专业模型间的调用和对接，并为后期的工程量统计提供依据和便利。各专业项目中心文件命名标准见表 1-11。

表 1-11　各专业项目中心文件命名标准

类别	专业	分项	命名标准	说明/举例
各专业项目中心文件命名标准	建筑专业	—	项目名称-栋号-建筑	
	结构专业	—	项目名称-栋号-结构	
	管线综合专业	电气专业	项目名称-栋号-电气	
		给排水专业	项目名称-栋号-给排水	
		暖通专业	项目名称-栋号-暖通	
项目视图命名标准	建筑专业、结构专业	平面视图	楼层-标高	如 B01(－3.500)
			标高-内容	如 B01-卫生间详图
		剖面视图	内容	如 A—A 剖面、集水坑剖面
		墙身详图	内容	如××墙身详图
	管线综合专业(根据专业系统,建立不同的子规程,如通风、空调水、给排水、消防、电气等。每个系统的平面、详图、剖面视图,放置在其子规程中)	平面视图	楼层-专业系统/系统	如 B01-给排水,B01-照明
			楼层-内容-系统	如 B01-卫生间-通风排烟
		剖面视图	内容	如 A—A 剖面、集水坑剖面
详细构件命名标准	建筑专业	建筑柱	层名-外形-尺寸	如 B01-矩形柱-300×300
		建筑墙及幕墙	层名-内容-尺寸	如 B01-外墙-250
		建筑楼板或天花板	层名-内容-尺寸	如 B01-复合天花板-150
		建筑屋顶	内容	如复合屋顶
		建筑楼梯	编号-专业-内容	如 3# 建筑楼梯
		门窗族	层名-内容-型号	如 B01-防火门-GF2027A
	结构专业	结构基础	层名-内容-尺寸	如 B05-基础筏板-800
		结构梁	层名-型号-尺寸	如 B01-CL68(2)-500×700
		结构柱	层名-型号-尺寸	如 B01-B-KZ-1-300×300
		结构墙	层名-尺寸	如 B01-结构墙 200
		结构楼板	层名-尺寸	例如 B01-结构板 200
	管线综合专业	管道	层名-系统简称	例如 B01-J3
		穿楼层的立管	系统简称	如 J3L
		埋地管道	层名-系统简称-埋地	如 B01-J3-埋地
		风管	层名-系统名称	如 B01-送风
		穿楼层的立管	系统名称	如送风
		线管	层名-系统名称	如 B01-弱电线槽
		电气桥架	层名-系统名称	如 B03-弱电桥架
		设备	层名-系统名称-编号	如 B01-紫外线消毒器-SZX-4

四、BIM 建模精度

模型的细致程度（LOD），英文称作 Level of Details，也叫作 Level of Development，描述了一个 BIM 模型构件单元从最低级的近似概念化的程度发展到最高级的演示级精度的步骤。美国建筑师协会（AIA）为了规范 BIM 参与各方及项目各阶段的界限，在其 2008 年的文档 E202 中定义了 LOD 的概念。这些定义可以根据模型的具体用途进行进一步的发展。

LOD 的定义可以用于两种途径：确定模型阶段输出结果（Phase Outcomes）以及分配建模任务（Task Assigilments）。

1. 模型阶段输出结果（Phase Outcomes）

随着设计的进行，不同的模型构件单元会以不同的速度从一个 LOD 等级提升到下一个。例如，在传统的项目设计中，大多数的构件单元在施工图设计阶段完成时需要达到 LOD300 的等级，同时在施工阶段中的深化施工图设计阶段大多数构件单元会达到 LOD400 的等级。但是有一些单元，例如墙面粉刷，永远不会超过 LOD100 的层次，即粉刷层实际上是不需要建模的，它的造价以及其他属性都附着于相应的墙体中。

2. **任务分配**（Task Assignments）

在三维表现之外，一个 BIM 模型构件单元能包含非常大量的信息．这个信息可能由多方来提供。例如，一面三维的墙体或许是建筑师创建的．但是总承包方要提供造价信息，暖通空调工程师要提供 U 值和保温层信息，一个隔声承包商要提供隔声值的信息，等等。为了解决信息输入多样性的问题，美国建筑师协会文件委员会提出了"模型单元作者"（MCA）的概念，该作者需要负责创建三维构件单元，但是并不一定需要为该构件单元添加其他非本专业的信息。

在 BIM 实际应用中，我们的首要任务就是根据项目的不同阶段以及项目的具体目的来确定 LOD 的等级，根据不同等级所概括的模型精度要求来确定建模精度。可以说，LOD 做到了让 BIM 应用有据可循。当然，在实际应用中，根据项目具体目的的不同，LOD 也不用生搬硬套，适当的调整也是无可厚非的。

五、BIM 信息模型精细度

建筑工程信息模型精细度应由信息粒度和建模精度组成。

建筑工程信息模型精细度分为五个等级，应符合表 1-12 的规定。

表 1-12　建筑工程信息模型精细度划分表

等级	英文名	简称
100 级精细度	Level of Detail 100	LOD 100
200 级精细度	Level of Detail 200	LOD 200
300 级精细度	Level of Detail 300	LOD 300
400 级精细度	Level of Detail 400	LOD 400
500 级精细度	Level of Detail 500	LOD 500

在日常使用中，可根据使用需求拟定模型精细度。一些常规的建筑工程阶段和使用需求，其对应的模型精细度建议如表 1-13 所示。

表 1-13　建筑工程各阶段使用需求及对应的模型精细度建议表

阶段	英文	阶段代码	建模精细度	阶段用途
勘察/概念化设计	Servey/Conceptual Design	SC	LOD100	项目可行性研究 项目用地许可
方案设计	Shematic Design	SD	LOD200	项目规划评审报批 建筑方案评审报批 设计概算
初步设计/ 施工图设计	Design Development/ Construction Documents	DD/CD	LOD300	专项评审报批 节能初步评估 建筑造价估算 建筑工程施工许可 施工准备 施工招标投标计划 施工图招标控制价
虚拟建造/产品 预制/采购/ 交盘/竣工	Virtual Construction/ Pre-Fabrication/ Purchase/Bidding/As-Built	VC	LOD400	施工预演 产品选用 集中采购 施工阶段造价控制
		AB	LOD500	施工结算

第二章

BIM工程项目设计准备

第一节 BIM 项目资源配置

一、BIM 项目设计软件配置

1. 软件系统构成

BIM 工作覆盖面大，应用点多，因此任何单一的软件工具都无法全面支持，需要根据工程实施经验，拟定采用合适的软件作为项目的主要模型工具，并自主开发或购买成熟的 BIM 协同平台作为管理依托。软件系统构成如图 2-1 所示。

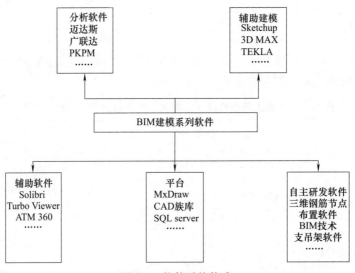

图 2-1 软件系统构成

为了保证数据的可靠性，项目中所使用的 BIM 软件应确保正常工作，且甲方在工程结束后可继续使用，以保证 BIM 数据的统一、安全和可延续性。同时根据公司实力可自主研发用于指导施工的实用性软件，如三维钢筋节点布置软件，其具有自动生成三维形体、自动避让钢骨柱翼缘、自动干涉检查、自动生成碰撞报告等多项功能；BIM 技术支吊架软件，其具有完善的产品族库、专业化的管道受力计算、便捷的预留孔洞等多项功能模块。在工作协同、综合管理方面，通过自主研发的施工总包 BIM 协同平台来满足工程建设各阶段需求。根据工程特点，制订的 BIM 软件应用计划见表 2-1。现有较为通用的 BIM 建模软件见

表 2-2。BIM 软件配置表见表 2-4。

表 2-1 BIM 软件应用计划

序号	实施内容	应用工具
1	全专业模型的建立	Revit 系列软件、Bentley 系列软件、ArchiCAD、Digital Project、Xsteel
2	模型的整理及数据的应用	Revit 系列软件、PKPM、RTABS、ROBOT
3	碰撞检测	Revit Architecture、Revit Structure、Revit MEP、Naviswork Manage
4	管综优化设计	Revit Architecture、Revit Structure、Revit MEP、Naviswork Manage
5	4D 施工模拟	Naviswork Manage、Project Wise Navigator、Visula Simulation、Synchro
6	各阶段施工现场平面施工布置	SketchUp
7	钢骨柱节点深化	Revit Structure、钢筋放样软件、PKPM、Tekla Structure
8	协同、远程监控系统	自主开发软件
9	模架验证	Revit 系列软件
10	挖土、回填土算量	Civil 3D
11	虚拟可视空间验证	Naviswork Manage、3DMax
12	能耗分析	Revit 系列软件、MIDAS
13	物资管理	自主开发软件
14	协同平台	自主开发软件
15	三维模型交付及维护	自主开发软件

表 2-2 BIM 建模软件

类别	内　　容
BIM 基础软件	BIM 基础软件主要是建筑建模工具软件，其主要目的是进行三维设计，所生成的模型是后续 BIM 应用的基础。 在传统二维设计中，建筑的平、立、剖面图分别进行设计，往往存在不一致的情况。同时，其设计结果是 CAD 中的线条，计算机无法进行进一步的处理。 三维设计软件改变了这种情况，通过三维技术确保只存在一份模型，平、立、剖面图都是三维模型的视图，解决了平、立、剖不一致的问题。同时，其三维构件也可以通过三维数据交换标准被后续 BIM 应用软件所应用
BIM 概念设计软件	BIM 概念设计软件用在设计初期，是在充分理解业主设计任务书和分析业主的具体要求及方案意图的基础上，将业主设计任务书里面基于数字的项目要求转化成基于几何形体的建筑方案，此方案用于业主和设计师之间的沟通和方案研究论证。论证后的成果可以转换到 BIM 核心建模软件里面进行设计深化，并继续验证所设计的方案能否满足业主的要求。目前主要的 BIM 概念软件有 SketchUp Pro 和 Affinity 等。 SketchUp 是诞生于 2000 年的 3D 设计软件，因其上手快速、操作简单而被誉为电子设计中的"铅笔"。2006 年被 Google 收购后推出了更为专业的版本 SketchUp Pro，它能够快速创建精确的 3D 建筑模型，为业主和设计师提供设计、施工验证和流线，角度分析，方便业主与设计师之间的交流协作。 Affinity 是一款注重建程程序和原理图设计的 3D 设计软件，在设计初期通过 BIM 技术，将时间和空间相结合的设计理念融入建筑方案的每一个设计阶段中，结合精确的 2D 绘图和灵活的 3D 模型技术，创建出令业主满意的建筑方案。 其他的概念设计软件还有 Tekla Structure 和 5D 概念设计软件 Vico Office 等
BIM 核心建模软件	BIM 核心建模软件的英文通常叫"BIM Authoring Software"，是 BIM 应用的基础也是在 BIM 的应用过程中碰到的第一类 BIM 软件，简称"BIM 建模软件"。 BIM 核心建模软件公司主要有 Autodesk、Bentley、Graphisoft/Nemetschek AG 以及 Gery Technology 公司等（表 2-3）。各自旗下的软件有如下几个。 ①Autodesk 公司的 Revit 是运用不同的代码库及文件结构区别于 AutoCAD 的独立软件平台。Revit 采用全面创新的 BIM 概念，可进行自由形状建模和参数化设计，并且还能够对早期设计进行分析。借助这些功能可以自由绘制草图，快速创建三维形状，交互地处理各个形状。可以利用内置的工具进行复杂形状的概念澄清，为建造和施工准备模型。随着设计的持续推进，软件能够

类别	内容
BIM 核心建模软件	围绕最复杂的形状自动构建参数化框架,提供更高的创建控制能力、精确性和灵活性。从概念模型到施工文档的整个设计流程都在一个直观环境中完成。并且该软件还包含了绿色建筑可扩展标记语言模式(Green Building XML,即 gbXML),为能耗模拟、荷载分析等提供了工程分析工具,并且与结构分析软件 ROBOT、RISA 等具有互用性,与此同时,Revit 还能利用其他概念设计软件、建模软件(如 Sketchup)等导出的 DXF 文件格式的模型或图纸输出为 BIM 模型。 　②Bentley 公司的 Bentley Architecture 是集直觉式用户体验交互界面、概念及方案设计功能、灵活便捷的 2D/3D 工作流建模及制图工具、宽泛的数据组及标准组件库定制技术于一身的 BIM 建模软件,是 BIM 应用程序集成套件的一部分,可针对设施的整个生命周期提供设计、工程管理、分析、施工与运营之间的无缝集成。在设计过程中,不但能让建筑师直接使用许多国际或地区性的工程业界的规范标准进行工作,更能通过简单的自定义或扩充,以满足实际工作中不同项目的需求,让建筑师能拥有进行项目设计、文件管理及展现设计所需的所有工具。目前在一些大型复杂的建筑项目、基础设施和工业项目中应用广泛。 　③ArchiCAD 是 Graphisoft 公司的产品,其基于全三维的模型设计,拥有强大的平、立、剖面施工图设计、参数计算等自动生成功能,以及便捷的方案演示和图形渲染,为建筑师提供了一个无与伦比的"所见即所得"的图形设计工具。它的工作流是集中的,其他软件同样可以参与虚拟建筑数据的创建和分析。ArchiCAD 拥有开放的架构并支持 IFC 标准,它可以轻松地与多种软件连接并协同工作。以 ArchiCAD 为基础的建筑方案可以广泛地利用虚拟建筑数据并覆盖建筑工作流程的各个方面。作为一个面向全球市场的产品,ArchiCAD 可以说是最早的一个具有市场影响力的 BIM 核心建模软件之一。 　④Digital Project 是 Gery Technology 公司在 CATIA 基础上开发的一个面向工程建设行业的应用软件(二次开发软件),它能够设计任何几何造型的模型,且支持导入特制的复杂参数模型构件,如支持基于规则的设计复核的 Knowledge Expert 构件;根据所需功能要求优化参数设计的 Project Engineering Optimizer 构件;跟踪管理模型的 Project Manager 构件。另外,Digital Project 软件支持强大的应用程序接口;对于建立了本国建筑业建设工程项目编码体系的许多发达国家.如美国、加拿大等,可以将建设工程项目编码如美国所采用的 Uniformat 和 Masterformat 体系导入 Digital Project 软件,以方便工程预算。 　因此,对于一个项目或企业 BIM 核心建模软件技术路线的确定,可以考虑如下基本原则: 　①民用建筑可选用 Autodesk Revit; 　②工厂设计和基础设施可选用 Bentley; 　③单专业建筑事务所选择 ArchiCAD、Revit、Bentley 都有可能成功; 　④项目完全异形、预算比较充裕的可以选择 Digital Project

表 2-3　BIM 核心建模软件表

公司	Autodesk	Bentley	Nemetschek AG Graphisoft	Gery Technology Dassault
软件	Revit Architecture	Bentley Architecture	ArchiCAD	Digital Project
	Revit Structural	Bentlcv Structural	AllPLAN	CATIA
	Revit MEP	Bentley Building Mechanical System	Vector Works	—

表 2-4　BIM 软件配置表

	序号	专业	选用软件
软件标准	1	建筑专业	Revit2016
	2	结构专业	Revit2016、广联达钢筋翻样软件、脚手架模板软件
	3	机电专业	Revit2016、MagiCAD
	4	后期模拟	Navisworks、Lumlon
	5	平台管理	广联达 BIM 5D

2. BIM 应用软件的类别

（1）BIM 基础软件

BIM 基础软件是指可用于建立能为多个 BIM 应用软件所使用的 BIM 数据的软件。例如,基于 BIM 技术的建筑设计软件可用于建立建筑设计 BIM 数据,且该数据能被用在基于 BIM 技术的能耗分析软件、日照分析软件等 BIM 应用软件中。除此以外,基于 BIM 技术的结构设计软件及设备设计（MEP）软件也包含在这一大类中。目前实际过程中使用的这类软件的例子，如美国 Autodesk 公司的 Revit 软件，其中包含了建筑设计软件、结构设计软件及 MEP 设计软件；匈牙利 Graphisoft 公司的 ArchiCAD 软件等。

（2）BIM 工具软件

BIM 工具软件是指利用 BIM 基础软件提供的 BIM 数据，开展各种工作的应用软件。例如，利用建筑设计 BIM 数据进行能耗分析的软件、进行日照分析的软件、生成二维图纸的软件等。目前实际过程中使用这类软件的例子，如美国 Autodesk 公司的 Ecotect 软件，我国的软件厂商开发的基于 BIM 技术的成本预算软件等。有的 BIM 基础软件除了提供用于建模的功能外，还提供了其他一些功能，所以本身也是 BIM 工具软件。例如，上述 Revit 软件还提供了生成二维图纸等功能，所以它既是 BIM 基础软件，也是 BIM 工具软件。

（3）BIM 平台软件

BIM 平台软件是指能对各类 BIM 基础软件及 BIM 工具软件产生的 BIM 数据进行有效的管理，以便支持建筑全生命期 BIM 数据的共享应用的应用软件。该类软件一般为基于 Web 的应用软件，能够支持工程项目各参与方及各专业工作人员之间通过网络高效地共享信息。目前实际过程中使用这类软件的例子，如美国 Autodesk 公司 2012 年推出的 BIM 360 软件。该软件作为 BIM 平台软件，包含一系列基于云的服务，支持基于 BIM 的模型协调和智能对象数据交换。又如匈牙利 Graphisoft 公司的 Delta Server 软件，也提供了类似功能。

当然，各大类 BIM 应用软件还可以再细分。例如，BIM 工具软件可以再细分为基于 BIM 技术的结构分析软件、基于 BIM 技术的能耗分析软件、基于 BIM 技术的日照分析软件、基于 BIM 的工程量计算软件等。

3. BIM 建模软件的使用选择

（1）初选

初选应考虑的因素：

① 建模软件是否符合企业的整体发展战略规划；

② 企业内部设计专业人员接受的意愿和学习难度等；

③ 建模软件部署实施的成本和投资回报率估算；

④ 建模软件对企业业务带来的收益可能产生的影响。

在考虑了上述因素的基础上，形成建模软件的分析报告。

（2）测试及评价

由信息管理部门负责并召集相关专业参与，在分析报告的基础上选定部分建模软件进行使用测试，测试的过程包括：

① 建模软件的性能测试，通常由信息部门的专业人员负责；

② 建模软件的功能测试，通常由抽调的部分设计专业人员进行；

③ 有条件的企业可选择部分试点项目进行全面测试，以保证测试的完整性和可靠性。

在上述测试工作基础上，形成 BIM 应用软件的测试报告和备选软件方案。

在测试过程中，评价指标包括：

① 易用性：从易于理解、易于学习、易于操作等方面进行比较；

② 功能性：是否适合企业自身的业务需求，与现有资源的兼容情况比较；

③ 效率：资源利用率等的比较；

④ 维护性：对软件系统是否易于维护、故障分析、配置变更是否方便等进行比较；

⑤ 可扩展性：应适应企业未来的发展战略规划；

⑥ 可靠性：软件系统的稳定性及在业内的成熟度的比较；

⑦ 服务能力：软件厂家的服务质量、技术能力等。

二、BIM 项目设计硬件配置

BIM 模型带有庞大的信息数据，因此，在 BIM 实施的硬件配置上也要有严格的要求，并在结合项目需求以及节约成本的基础上，需要根据不同的使用用途和方向，对硬件配置进行分级设置，即最大限度地保证硬件设备在 BIM 实施过程中的正常运转，最大限度地控制成本。

在项目 BIM 实施过程中，根据工程实际情况搭建 BIM Server 系统，方便现场管理人员和 BIM 中心团队进行模型的共享和信息传递。通过在项目部和 BIM 中心各搭建服务器，以 BIM 中心的服务器作为主服务器，通过广域网将两台服务器进行互联，然后分别给项目部和 BIM 中心建立模型的计算机进行授权，就可以随时将自己修改的模型上传到服务器上，实现模型的异地共享，确保模型的实时更新。

① 项目拟投入多台服务器，如：

项目部——数据库服务器、文件管理服务器、Web 服务器、BIM 中心文件服务器、数据网关服务器等。

公司 BIM 中心——关口服务器、Revit Server 服务器等。

② 若干台 NAS 存储，如：

项目部——10TB NAS 存储几台。

公司 BIM 中心——10TB NAS 存储。

③ 若干台 UPS，如 6kV·A 的几台。

④ 若干台图形工作站。硬件与网络示意如图 2-2 所示。

BIM 硬件配置见表 2-5。

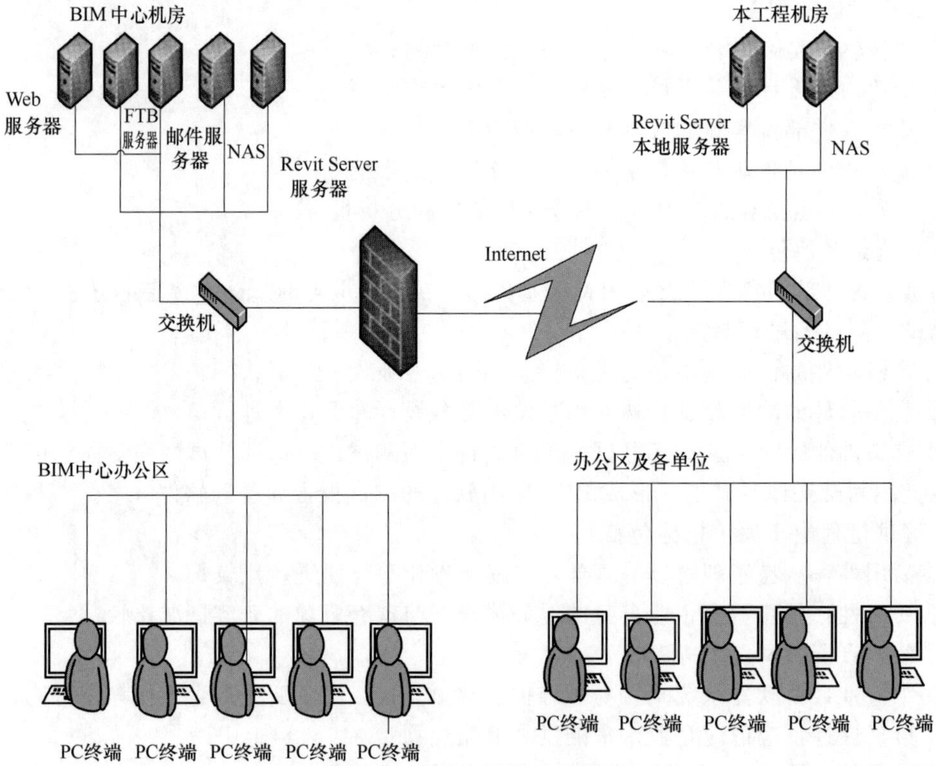

图 2-2　硬件与网络示意图

表 2-5 BIM 硬件配置表

配置方案 主要部件	最低配置	推荐配置
	型号	型号
处理器(CPU)	Dual-Core Intel i5	英特尔 i7 四核 3.5GHz
主板	华硕 P6X58D-E 三通道	华硕、技嘉、微星等一线主板品牌
内存	4GB(或以上)	16GB 或以上
硬盘	固态硬盘(SSD)128GB(或以上)	固态硬盘(SSD)128GB(或以上)+备份硬盘
显卡	Nvidia GeForce GTX 650(显存 1GB 或以上)	Nvidia GeForce GTX 960(显存 2GB 或以上)
显示器	三星 C27A550U	22 寸液晶两台
网络	局域网千兆配备或互联网 8MB 以上专线接入	局域网千兆配备或互联网 8MB 以上专线接入

三、BIM 项目设计人员配置

在项目实施应用中，应加强 BIM 应用人员的组织管理，选择适合企业自身特点的 BIM 团队管理模式。同时，施工企业的 BIM 团队环境建设，要循序渐进地进行，还应与传统工作模式做好衔接和融合，做好人员计划。以某公司为例，BIM 团队的组建可以从企业结构、职责划分、培训要求等方面进行分析。

1. 企业结构

企业组织结构是企业的流程运转、部门设置及职能规划等最基本的结构依据，企业原有的结构模式不再适合新技术的应用，需制订新的计划、新的结构形式。

2. 职责划分

在项目建设过程中需要有效地将各种专业人才的技术和经验进行整合，让他们各自的优势和经验得到充分发挥，以满足项目管理的要求，提高管理的工作效率，为此，对于岗位职责也应做出合理的划分，使员工各尽其能。

3. 培训要求

在启动一个应用 BIM 技术的项目时，为确保项目的高质量运行，企业需培养专业的 BIM 技术人才和管理人员，建立核心的协作团队，从而增强企业整体的软实力。目前公司多采用全员普及模式、集中管理模式对员工进行新技能的培训。全员普及模式是施工企业依据发展战略制定的整体推动 BIM 应用普及的模式；集中管理模式是企业或部门将掌握 BIM 技术的人员，以及支持 BIM 应用的 IT 环境集中起来，建立"BIM 中心""BIM 工作站"等类似组织的模式。现有部分公司通过成立公司网络学院，为员工提供方便快捷的学习途径及方式，提高广大员工 BIM 知识的普及率。

四、BIM 项目设计应用管理

1. BIM 项目总包管理流程

依据《BIM 模型标准》《Revit 模型交底》，设计院提供的蓝图、版本号和模型参数内容，制定《模型计划》。施工总包单位与专业分包以书面形式签署《BIM 模型协议》和《BIM 模型应用协议》，或委托 BIM 团队依据一线提供的资料，建立全专业模型，由施工总承包负责管理模型的更新和使用权，专业分包负责进行模型的深化、维护等工作。

BIM 原始模型建立完成后，工程管理部组织 BIM 模型应用动员会，要求专业分包和供货商必须参加会议。依据签署的《BIM 模型应用协议》，总包单位有权要求分包和供应商提供模型应用意见和建议，支持、协助和监督专业分包完成 BIM 模型深化工作。

全专业模型建立完成后，总包单位组织各专业汇总各自模型中发现的图纸问题，形成图纸问题报告，统一由设计院进行解答，完善施工模型。组织本工程模型整合，对应专业单位检查碰撞。分工情况如下：土建分包负责结构模型与建筑模型的校核、结构与机电管综的碰撞，机电专业单位负责本专业之间的碰撞和管综专业之间的碰撞。

某项目基于 BIM 模型总包管理流程如图 2-3 所示。

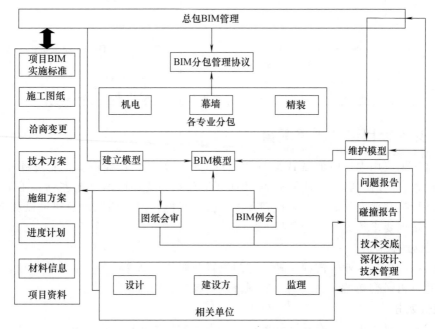

图 2-3　某项目基于 BIM 模型总包管理流程

2. BIM 项目成果交付管理

在工程建设的交界阶段，前一阶段 BIM 工作完成后应交付 BIM 成果，包括 BIM 模型文件，设计说明，计算书，消防、规划二维图纸，设计变更，重要阶段性修改记录和可形成企业资产的交付及信息。项目的 BIM 信息模型所有知识产权归业主所有，交付物为纸质表格图纸及电子光盘，加盖公章。

为了保证工程建设前一阶段移交的 BIM 模型能够与工程建设下一阶段 BIM 应用模型进行对接，对 BIM 模型的交付质量提出以下要求。

① 提供模型的建立依据，如建模软件的版本号、相关插件的说明、图纸版本、调整过程记录等，方便接收后的模型维护工作。

② 在建模前进行沟通，统一建模标准，如模型文件、构件、空间、区域的命名规则，标高准则，对象分组原则，建模精度，系统划分原则，颜色管理，参数添加等。

③ 所提交的模型，各专业内部及专业之间无构件碰撞问题的存在，提交有价值的碰撞检测报告，含有硬碰撞和间隙碰撞。

④ 模型和构件尺寸形状及位置应准确无误，避免重叠构件，特别是综合管线的标高、设备安装定位等信息，保证模型的准确性。

⑤ 所有构件均有明确详细的几何信息以及非几何信息，数据信息完整规范，减少累赘。

⑥ 与模型文件一同提交的说明文档中必须包括模型的原点坐标描述及模型建立所参照的 CAD 图纸情况。

⑦ 针对设计阶段的 BIM 应用点，每个应用点分别建立一个文件夹。对于 3D 漫游和设计方案比选等应用，提供 avi 格式的视频文件和相关说明。

⑧ 对于工程量统计、日照和采光分析、能耗分析、声环境分析、通风情况分析等应用，

提供成果文件和相关说明。

⑨ 设计方各阶段的 BIM 模型（方案阶段、初步设计阶段、施工图阶段）通过业主认可的第三方咨询机构审查后，才能进行二维图正式出图。

⑩ 所有的机电设备办公家具有简要模型，由 BIM 公司制作，主要功能房、设备房及外立面有渲染图片，室外及室内各个楼层均有漫游动画。

⑪ 由 BIM 模型生成若干个平面、立面、剖面图纸及表格，特别是构件复杂、管线繁多部位应出具详图，且应该符合《建筑工程设计文件编制深度规定》。

⑫ 搭建 BIM 施工模型，含塔吊、脚手架、升降机、临时设施、围墙、出入口等，每月更新施工进度，提交重点、难点部位的施工建议、作业流程。

⑬ BIM 模型生成详细的工程量清单表，汇总梳理后与造价咨询公司的清单对照检查，出结论报告。

⑭ 提供 IPad 平板电脑随时随地对照检查施工现场是否符合 BIM 模型，便于甲方、监理的现场管理。

⑮ 为限制文件大小，所有模型在提交时必须清除未使用项，删除所有导入文件和外部参照链接，同时模型中的所有视图必须经过整理，只保留默认的视图和视点，其他都删除。

⑯ 竣工模型在施工图模型的基础上添加以下信息：生产信息（生产厂家、生产日期等）、运输信息（进场信息、存储信息）、安装信息（浇铸、安装日期，操作单位）和产品信息（技术参数、供应商、产品合格证等）。如有在设计阶段还没能确定的外形结构的设备及产品，竣工模型中必须添加与现场一致的模型。

某项目 BIM 交付成果样例如图 2-4 所示。

建模时间：		
建模人员：	北京建工集团有限责任公司BIM中心	
建模内容：	结构专业：	剪力墙、结构板、结构柱、梁
	建筑专业：	建筑墙、柱、等
	给排水专业：	给排水管道、阀门、附件等设备
	暖通风专业：	暖通风管道、暖通水管道、管件、附件等设备
	强弱电专业：	强弱电桥架
建模依据：	图纸依据	依据《广场CAD(13.11.15)-233MB》《长沙世茂广场图纸20131022》19.5MB等图纸建模
	标准数据	1.本项目各专业根据《六建BIM建模标准(1.2)》 2.机电碰撞原则根据《机电碰撞调整规则》
成果内容：	各专业模型、工程量统计、问题报告、碰撞报告等	

×××广场项目BIM技术应用

××建工集团有限责任公司
BIM技术中心

-1-

-2-

图 2-4

一.Revit模型设计说明

1.模型基本信息

序号	名称	内容
01	模型名称	××B3层工程
02	地理位置	
03	建模单位	北京六建集团有限责任公司企业技术中心BIM课题组
04	建模应用单位	
05	模型面积	5500m²
06	模型专业	结构、建筑、暖通、给排水、喷淋、弱电

2.建模依据

2.1 依据《六建BIM建模标准(1.2)》

2.2 各专业系统命名及颜色显示

2.2.1 通风系统命名及颜色显示

序号	系统名称	颜色编号(红/绿/蓝)
1	排风	深红色

2.2.2 空调水系统命名及颜色显示

序号	系统名称	颜色
1	空调冷水回水管	绿色
2	空调冷却水供水管	红色
3	空调冷水供水管	蓝色

2.2.3 给排水系统命名及颜色显示

序号	系统名称	颜色
1	消火栓系统给给水管	蓝色
2	自助喷洒系统给水管	红色
3	生活供水管	浅绿色

2.2.4 电气的工作集划分、系统命名及颜色显示:

序号	系统名称	工作集名称	颜色编号(红/绿/蓝)
1	弱电	弱电	红色

2.3 模型LOD标准

序号	模型	详细等级(LOD)	内容
结构专业			
1	板	200	类型属性,材质,二维填充表示
2	梁	200	类型属性,具有异形梁表示详细轮廓,材质,二维填充表示
3	柱	200	类型属性,具有异形柱表示详细轮廓,材质,二维填充表示
建筑专业			
1	建筑墙	200	增加材质信息,含粗略面层划分
2	门	200	按实际需求插入门、窗
弱电专业			
1	线管	200	基本路由、导线根数
给排水专业			
1	管道	200	有支管标高
2	阀门	500	按阀门的分类绘制
3	附件	300	按类别绘制
4	设备	300	具体的形状及尺寸
暖通专业			
1	暖通水管道	200	按系统只绘主管线,标高可自行定义,按系统添加不同的颜色

-3-

-4-

模型碰撞报告

图纸名称	暖通平面图	问题描述	此处空调水管与梁碰撞,所以调整部分管路标高降至梁下皮
问题位置	33-3G/GJ-4K	优化建议	
涉及专业	暖通、结构		

问题截图

平面图

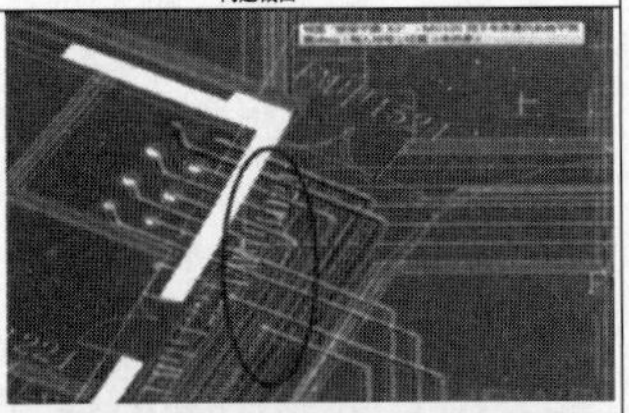

三维视图

三、本工程现阶段BIM模型的应用点

序号	应用点	应用内容	说明
1	全专业模型的建模	模型专业	建筑、结构、给排水、暖通、喷淋
		模型标准	模型命名说明、模型协同工作规则、模型调整原则等
2	模型数据应用	明细表	专业名称、系统名称、构件名称、工程数等
3	模型可视化分析	模型深化设计	管综专业依据初设图集要求进行深化设计
		碰撞检查	检查、验证设计方案
		三维空间漫画	空间可视化、验证管综空间安装环境
		出图	施工图、设计变更

四、总结

本工程各专业数据不够详细,建模时遇到很多困难,BIM团队通过各专业模型的协作碰撞和调整对图纸做出了深化设计,局部(卫生间和空调机房等)出了效果图和CAD平面图,便于更形象地指导施工。

CAD图纸问题:

暖通等专业的管道未注明管径和安装高度。

电气专业的CAD图纸无内容。

消防专业的CAD图纸没有注明管径和安装高度。

给排水专业未注明管径和安装高度,部分设备未注明型号和尺寸。

关于问题的解决方法(以给排水为例):

自定义规定生活给水管线、消火栓管径,自喷管线在3200mm的高度,部分因梁的高度影响而在通风的下方放置。

根据传统图例智可定义放置设备。

××建工集团有限公司BIM中心

图 2-4　某项目BIM交付成果样例

第二节　Revit 建模信息系统使用简介

一、Revit 系统平台简介

Revit 是专为建筑行业开发的模型和信息管理平台，它支持建筑项目所需的模型、设计、图纸和明细表，并可以在模型中记录材料的数量、施工阶段、造价等工程信息。

在 Revit 项目中，所有的图纸、二维视图和三维视图以及明细表都是同一个基本建筑模型数据库的信息表现形式。Revit 的参数化修改引擎可自动协调在任何位置（模型视图、图纸、明细表、剖面和平面中）进行的修改。

利用 Revit 强大的参数化建模能力、精确统计及 Revit 平台上优秀协同设计、碰撞检查功能，在民用及工厂设计领域中，已经被越来越多的民用设计企业、专业设计院、EPC 企业采用。

"参数化"是 Revit 的基本特性。所谓"参数化"是指：Revit 中各模型图元之间的相对关系，例如，相对距离、共线等几何特征。Revit 会自动记录这些构件间的特征和相对关系，从而实现模型间的自动协调和变更管理，例如，当指定窗底部边缘距离标高距离为 900，修改标高位置时，Revit 会自动修改窗的位置，以确保变更后窗底部边缘距离标高仍为 900。构件间参数化关系可以在创建模型时由 Revit 自动创建，也可以根据需要由用户手动创建。

在 CAD 领域中，用于表达和定义构件间这些关系的数字或特性称为"参数"，Revit 通过修改构件中的预设或自定义的各种参数实现对模型的变更和修改，这个过程称之为参数化修改。参数化功能为 Revit 提供了基本的协调能力和生产率优势。无论何时在项目中的任何位置进行任何修改，Revit 都能在整个项目内协调该修改，从而确保几何模型和工程数据的一致性。

二、Revit 专用术语

Revit 专用术语见表 2-6。

表 2-6　Revit 专用术语

专用术语	解　释
项目	在 Revit 中，可以简单地将项目理解为 Revit 的默认存档格式文件。该文件中包含了工程中所有的模型信息和其他工程信息，如材质、造价、数量等，还可以包括设计中生成的各种图纸和视图。项目以".rvt"的数据格式保存。注意".rvt"格式的项目文件无法在低版本的 Revit 打开，但可以被更高版本的 Revit 打开。例如，使用 Revit 2015 创建的项目数据无法在 Revit 2014 或更低的版本中打开，但可以使用 Revit 2016 打开或编辑。 项目样板是创建项目的基础，事实上在 Revit 中创建任何项目时，均会采用默认的项目样板文件。项目样板文件以".rte"格式保存。与项目文件类似，无法在低版本的 Revit 软件中使用高版本创建的样板文件
对象类别	与 AutoCAD 不同，Revit 不提供图层的概念。Revit 中的轴网、墙、尺寸标注、文字注释等对象，以对象类别的方式进行自动归类和管理。Revit 通过对象类别进行细分管理。例如，模型图元类别包括墙、楼梯、楼板等；注释类别包括门窗标记、尺寸标注、轴网、文字等。 在项目任意视图中通过按键盘默认快捷键 VV. 将打开"可见性图形替换"对话框，如图 2-5 所示，在该对话框中可以查看 Revit 包含的详细的类别名称。 注意在 Revit 的各类别对象中，还包含子类别定义，例如楼梯类别中，还可以包含踢面线、轮廓等子类别。Revit 通过控制对象中各子类别的可见性、线形、线宽等设置，控制三维模型对象在视图中的显示，以满足建筑出图的要求。 在创建各类对象时，Revit 会自动根据对象所使用的族将该图元自动归类到正确的对象类别当中。例如，放置门时，Revit 会自动将该图元归类于"门"，而不必像 AutoCAD 那样预先指定图层

专用术语	解　释
族	Revit 的项目是由墙、门、窗、楼板、楼梯等一系列基本对象"堆积"而成的,这些基本的零件称之为图元。除三维图元外,包括文字、尺寸标注等单个对象也称之为图元。 　　族是 Revit 项目的基础。Revit 的任何单一图元都由某一个特定族产生。例如,一扇门、一面墙、一个尺寸标注、一个图框。由一个族产生的各图元均具有相似的属性或参数。例如,对于一个平开门族,由该族产生的图元都可以具有高度、宽度等参数,但具体每个门的高度、宽度的值可以不同,这由该族的类型或实例参数定义决定。 　　在 Revit 中,族分为三种。 　　①可载入族 　　可载入族是指单独保存为族".rfa"格式的独立族文件,且可以随时载入到项目中的族。Revit 提供了族样板文件,允许用户自定义任意形式的族。在 Revit 中门、窗、结构柱、卫浴装置等均为可载入族。 　　(2)系统族 　　系统族仅能利用系统提供的默认参数进行定义,不能作为单个族文件载入或创建。系统族包括墙、尺寸标注、天花板、屋顶、楼板等。系统族中定义的族类型可以使用"项目传递"功能在不同的项目之间进行传递。 　　(3)内建族 　　在项目中,由用户在项目中直接创建的族称为内建族。内建族仅能在本项目中使用,即不能保存为单独的".rfa"格式的族文件,也不能通过"项目传递"功能将其传递给其他项目。 　　与其他族不同,内建族仅能包含一种类型。Revit 不允许用户通过复制内建族类型来创建新的族类型
类型和实例	除内建族外,每一个族包含一个或多个不同的类型,用于定义不同的对象特性。例如,对于墙来说,可以通过创建不同的族类型定义不同的墙厚与墙构造。每个放置在项目中的实际墙图元,称之为该类型的一个实例。Revit 通过类型属性参数和实例属性参数控制图元的类型或实例参数特征。同一类型的所有实例均具备相同的类型属性参数设置,而同一类型的不同实例,可以具备完全不同的实例参数设置。 　　如图 2-6 所示,列举了 Revit 中族类别、族、族类型和族实例之间的相互关系。 　　例如,对于同一类型的不同墙实例,它们均具备相同的墙厚度和墙构造定义,但可以具备不同的高度、底部标高,标高信息。 　　修改类型属性的值会影响该族类型的所有实例,而修改实例属性时,仅影响所有被选择的实例。要修改某一实例具有不同的类型定义,必须为族创建新的族类型。例如,要将其中一个厚度 240mm 的墙图元修改为 300mm 厚的墙,必须为墙创建新的类型,以便于在类型属性中定义墙的厚度
各术语间的关系	在 Revit 中,各类术语间对象的关系如图 2-7 所示。 　　可这样理解 Revit 的项目,Revit 的项目由无数个不同的族实例(图元)相互堆积而成,而 Revit 通过族和族类别来管理这些实例,用于控制和区分不同的实例。在项目中,Revit 通过对象类别来管理这些族。因此,当某一类别在项目中设置为不可见时,隶属于该类别的所有图元均不可见

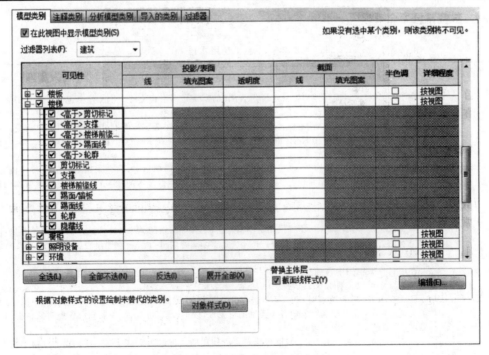

图 2-5　"可见性图形替换"对话框

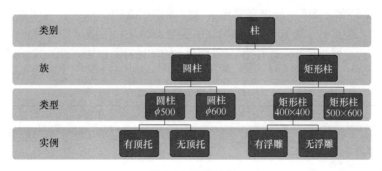

图 2-6　族关系图

三、Revit 系统平台图元

各图元的作用如下。

① 基准图元可帮助系统定义项目的定位信息。例如，轴网、标高和参照平面都是基准图元。

② 模型图元表示建筑的实际三维几何图形。它们显示在模型的相关视图中。例如，墙、窗、门和屋顶是模型图元。

③ 视图专有图元只显示在放置这些图元的视图中。它们可帮助系统对模型进行描述或归档。例如，尺寸标注、标记和详图构件都是视图专有图元。

模型图元又分为以下两种类型。

① 主体（或主体图元）：通常在构造场地在位构建。例如，墙和楼板是主体。

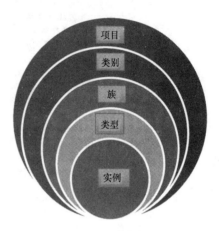

图 2-7　对象关系图

② 构件：是建筑模型中其他所有类型的图元。例如，窗、门和橱柜是模型构件。

对于视图专有图元，则分为以下两种类型。

① 标注：是对模型信息进行提取并在图纸上以标记文字的方式显示其名称、特性。例如，尺寸标注、标记和注释记号都是注释图元。当模型发生变更时，这些注释图元将随模型的变化而自动更新。

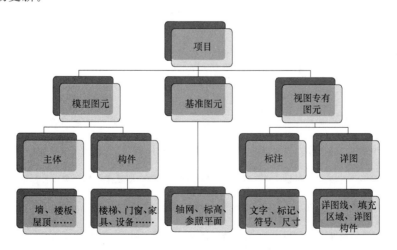

图 2-8　图元的使用方式

② 详图：是在特定视图中提供有关建筑模型详细信息的二维项。例如包括详图线、填充区域和详图构件。这类图元类似于 AutoCAD 中绘制的图块，不随模型的变化而自动变化。

如图 2-8 所示，列举了 Revit 中各不同性质和作用的图元的使用方式，供读者参考。图元操作事项见表 2-7。

表 2-7　图元操作事项

类别	内　　容
图元选择	在 Revit 中，要对图元进行修改和编辑，必须选择图元。在 Revit 中可以使用 3 种方式进行图元的选择，即单击选择、框选、特性选择。 （1）单击选择 移动鼠标至任意图元上，Revit 将高亮显示该图元并在状态栏中显示有关该图元的信息，单击鼠标左键将选择被高亮显示的图元。在选择时如果多个图元彼此重叠，可以移动鼠标至图元位置，循环按键盘"Tab"键，Revit 将循环高亮预览显示各图元，当要选择的图元高亮显示后单击鼠标左键将选择该图元。 如图 2-9 所示，要选择多个图元，可以按住键盘"Ctrl"键后，再次单击要添加到选择集中的图元；如果按住键盘"Shift"键单击已选择的图元，将从选择集中取消该图元的选择。 Revit 中，当选择多个图元时，可以将当前选择的图元选择集进行保存，保存后的选择集可随时被调用。如图 2-10 所示，选择多个图元后，单击"选择"→保存按钮，即可弹出"保存选择"对话框，输入选择集的名称，即可保存该选择集。要调用已保存的选择集，单击"管理"→"选择"→载入按钮，将弹出"恢复过滤器"对话框，在列表中选择已保存的选择集名称即可。 （2）框选 将光标放在要选择的图元一侧，并对角拖拽光标以形成矩形边界，可以绘制选择范围框。当从左至右拖拽光标绘制范围框时，将生成"实线范围框"。被实线范围框全部包围的图元才能选中；当从右至左拖拽光标绘制范围框时，将生成"虚线范围框"，所有被完全包围或与范围框边界相交的图元均可被选中。 选择多个图元时，在状态栏过滤器中可以查看到图元种类；或者在过滤器中，取消部分图元的选择。 （3）特性选择 鼠标左键单击图元，选中后高亮显示；再在图元上单击鼠标右键，用"选择全部实例"工具，在项目或视图中选择某一图元或族类型的所有实例。有公共端点的图元，在连接的构件上单击鼠标右键，然后单击"选择连接的图元"，能把这些同端点连接图元一起选中，如图 2-11 所示
图元编辑	①如图 2-12 所示，在修改面板中，Revit 提供了"修改""移动""复制""镜像""旋转"等命令，利用这些命令可以对图元进行编辑和修改操作。 ②移动："移动"命令能将一个或多个图元从一个位置移动到另一个位置。移动的时候，可以选择图元上某点或某线来移动，也可以在空白处随意移动。 【快捷键】移动命令的默认快捷键为 MV。 ③复制："复制"命令可复制一个或多个选定图元，并生成副本。点选图元，复制时，选项栏如图 2-13 所示。可以通过勾选多个选项实现连续复制图元。 【快捷键】复制命令的默认快捷键为 CO。 ④阵列复制："阵列"命令用于创建一个或多个相同图元的线性阵列或半径阵列。在族中使用"阵列"命令，可以方便地控制阵列图元的数量和间距，如百叶窗的百叶数量和间距。阵列后的图元会自动成组，如果要修改阵列后的图元，需进入编辑组命令，然后才能对成组图元进行修改。 【快捷键】阵列复制命令的默认快捷键为 AR。 ⑤对齐："对齐"命令将一个或多个图元与选定位置对齐。如图 2-14 所示，对齐工具时，要求先单击选择对齐的目标位置，再单击选择要移动的对象图元，让选择的对象将自动对齐至目标位置。对齐工具可以以任意的图元或参照平面为目标，在选择墙对象图元时，还可以在选项栏中指定首选的参照墙的位置；要将多个对象对齐至目标位置，勾选在选项栏中"多重对齐"选项即可。 【快捷键】对齐工具的默认快捷键为 AL。 ⑥旋转："旋转"命令可使图元绕指定轴旋转。默认旋转中心位于图元中心，如图 2-15 所示，移动鼠标至旋转中心标记位置，按住鼠标左键不放将其拖拽至新的位置松开鼠标左键，可设置旋转中心的位置。然后单击确定起点旋转角边，再确定终点旋转角边，就能确定图元旋转后的位置。在执行旋转命令时，可以勾选选项栏中"复制"选项，可在旋转时创建所选图元的副本，而在原来位置上保留原始对象。 【快捷键】旋转命令的默认快捷键为 RO。 ⑦偏移："偏移"命令可以生成与所选择的模型线、详图线、墙或梁等图元进行复制或在与其长度垂直的方向移动指定的距离。如图 2-16 所示，可以在选项栏中指定拖拽图形方式或输入距离数值方式来偏移图元。不勾选复制时，生成偏移后的图元时将删除原图元（相当于移动图元）。 【快捷键】偏移命令的默认快捷键为 OF。 ⑧镜像："镜像"命令使用一条线作为镜像轴，对所选模型图元执行镜像（反转其位置）。确定镜像轴时，即可以拾取已有图元作为镜像轴，也可以绘制临时轴。通过选项栏，可以确定镜像操作时是否需要复制原对象。

续表

类别	内 容
图元编辑	⑨修剪和延伸:如图 2-17 所示,修剪和延伸共有三个工具,从左至右分别为修剪/延伸为角、单个图元修剪和多个图元修剪工具。 【快捷键】修剪/延伸为角命令的默认快捷键为 TR。 ⑩如图 2-18 所示,使用"修剪"和"延伸"命令时必须先选择修剪或延伸的目标位置,再选择要修剪或延伸的对象即可。对于多个图元的修剪工具,可以在选择目标后,多次选择要修改的图元,这些图元都将延伸至所选择的目标位置。可以将这些工具用于墙、线、梁或支撑等图元的编辑。对于 MEP 中的管线,也可以使用这些工具进行编辑和修改。 ⑪ 拆分图元:拆分工具有两种使用方法:拆分图元和用间隙拆分,通过"拆分"命令,可将图元分割为两个单独的部分,可删除两个点之间的线段,也可在两面墙之间创建定义的间隙。 ⑫ 删除图元:"删除"命令可将选定图元从绘图中删除,和用 Delete 命令直接删除效果一样。 【快捷键】删除命令的默认快捷键为 DE
图元限制及临时尺寸	(1)尺寸标注的限制条件 在放置永久性尺寸标注时,可以锁定这些尺寸标注。锁定尺寸标注时,即创建了限制条件。选择限制条件的参照时,会显示该限制条件(见虚线),如图 2-19 所示。 (2)相等限制条件 选择一个多段尺寸标注时,相等限制条件会在尺寸标注线附近显示为一个"EQ"符号。如果选择尺寸标注线的一个参照(如墙),则出现"EQ"符号,在参照的中间会出现一条虚线,如图 2-20 所示。 "EQ"符号表示应用于尺寸标注参照的相等限制条件图元。当此限制条件处于活动状态时,参照(以图形表示的墙)之间会保持相等的距离。如果选择其中一面墙并移动它,则所有墙都将随之移动一段固定的距离。 (3)临时尺寸 临时尺寸标注是相对最近的垂直构件进行创建的,并按照设置值进行递增。点选项目中的图元,图元周围就会出现临时尺寸,修改尺寸上的数值,就可以修改图元位置。可以通过移动尺寸界线来修改临时尺寸标注,以参照所需构件,如图 2-21 所示。 单击在临时尺寸标注附近出现的尺寸标注符号┝┥,然后即可修改新尺寸标注的属性和类型

图 2-9　选择多个图元

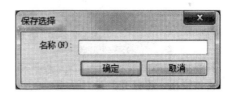

图 2-10　保存选择

图 2-11　特性选择

图 2-12　图元编辑面板

图 2-13　关联选项栏

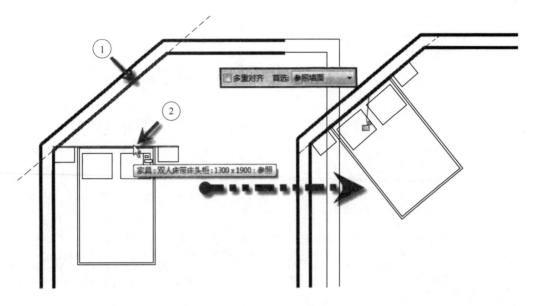

图 2-14　对齐操作

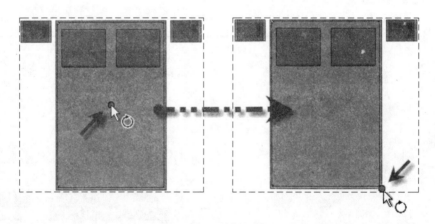

图 2-15　旋转操作

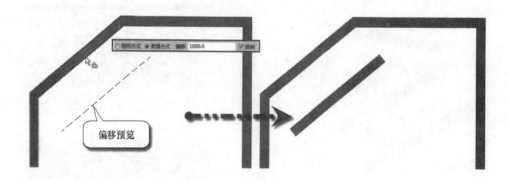

图 2-16　偏移操作

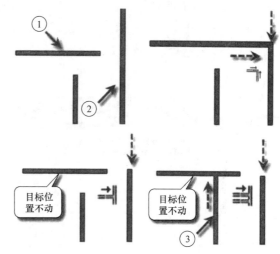

图 2-17　修剪和延伸工具

图 2-18　修剪、延伸操作

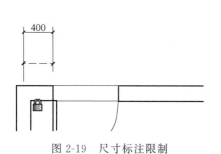

图 2-19　尺寸标注限制

图 2-20　相等限制

四、Revit 系统平台启动

Revit 是标准的 Windows 应用程序。可以像其他 Windows 软件一样通过双击快捷方式启动 Revit 主程序。启动后，默认会显示"最近使用的文件"界面。如果在启动 Revit 时，不希望显示"最近使用的文件"界面，可以按以下步骤来设置。

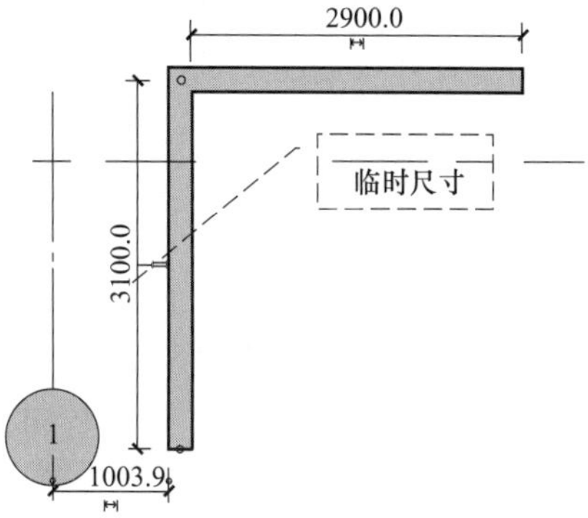

① 启动 Revit，单击左上角"应用程序菜单"按钮，在菜单中选择位于右下角的 选项 按钮，出现"选项"对话框，如图 2-22 所示。

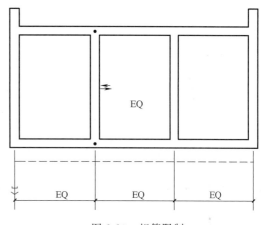

图 2-21　临时尺寸

② 在"选项"对话框中，切换至"用户界面选项卡"，清除"启动时启用'最近使用的文件'页面"复选框，设置完成后单击 确定 按钮，退出"选项"对话框。

③ 单击"应用程序菜单" 按钮，在菜单中选择 退出 Revit，关闭 Revit，重新启动

Revit，此时将不再显示"最近使用的文件"界面，仅显示空白界面。

④ 使用相同的方法，勾选"选项"对话框中"启动时启用'最近使用文件'页面"复选框并单击 确定 按钮，将重新启用"最近使用的文件"界面。

图 2-22 "选项"对话框（一）

五、Revit 应用界面

① Revit 2016 的应用界面如图 2-23 所示。在主界面中，主要包含项目和族两大区域，分别用于打开或创建项目以及打开或创建族。在 Revit 2016 中，已整合了包括建筑、结构、机电各专业的功能，因此，在项目区域中，提供了建筑、结构、机械、构造等项目创建的快捷方式。单击不同类型的项目快捷方式，将采用各项目默认的项目样板进入新项目创建模式。

② 项目样板是 Revit 工作的基础。在项目样板中预设了新建的项目所有默认设置，包括长度单位、轴网标高样式、墙体类型等。项目样板仅为项目提供默认预设工作环境，在项目创建过程中，Revit 允许用户在项目中自定义和修改这些默认设置。

③ 如图 2-24 所示，在"选项"对话框中，切换至"文件位置"选项，可以查看 Revit 中各类项目所采用的样板设置。在该对话框中，还允许用户添加新的样板快捷方式，浏览指定所采用的项目样板。

④ 还可以通过单击"应用程序菜单"按钮，在列表中选择"新建—项目"选项，将弹出"新建项目"对话框。在该对话框中可以指定新建项目时要采用的样板文件，除可以选择已有的样板快捷方式外，还可以单击 浏览(B)... 按钮指定其他样板文件创建项目。在该对话框中，选择"新建"的项目为"项目样板"的方式，用于自定义项目样板。

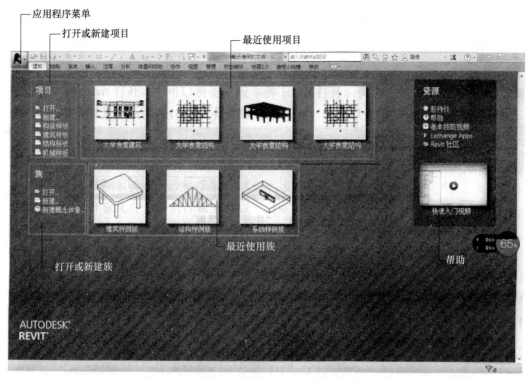

图 2-23　Revit 2016 的应用界面

图 2-24　"选项"对话框（二）

图 2-25 所示为在项目编辑模式下 Revit 的界面形式。

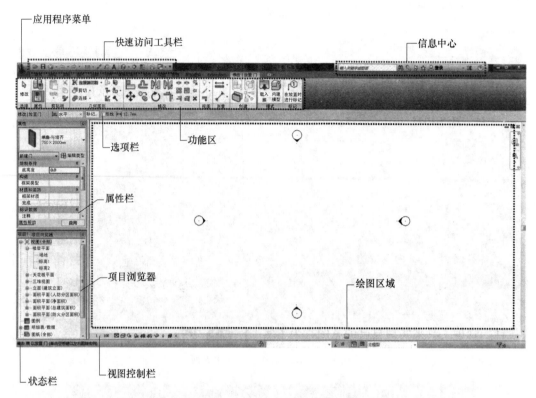

图 2-25　Revit 工作界面

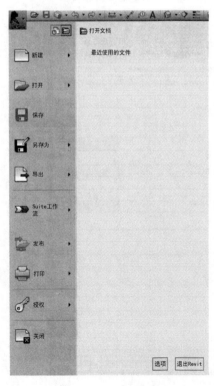

图 2-26　应用程序菜单

① 单击图上左上角"应用程序菜单"按钮 可以打开应用程序菜单列表，如图 2-26 所示。

②"应用程序菜单"按钮类似于传统界面下的"文件"菜单，包括"新建""保存""打印"，"退出 Revit"等均可以在此菜单下执行。在应用程序菜单中，可以单击各菜单右侧的箭头查看每个菜单项的展开选择项，然后再单击列表中各选项执行相应的操作。

单击应用程序菜单右下角 选项 按钮，可以打开"选项"对话框，如图 2-27 所示。在"用户界面"选项中，用户可根据自己的工作需要自定义出现在功能区域的选项卡命令，并自定义快捷键。

六、Revit 功能区

① 功能区提供了在创建项目或族时所需要的全部工具。在创建项目文件时，功能区显示如图 2-28 所示。功能区主要由选项卡、工具面板和工具组成。

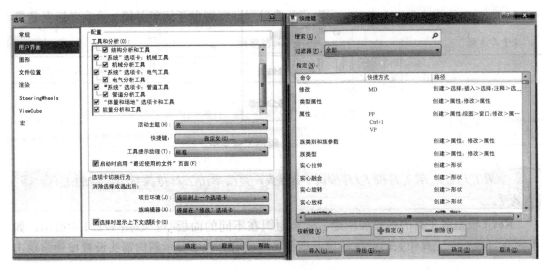

图 2-27　自定义快捷键

图 2-28　功能区

② 单击工具可以执行相应的命令，进入绘制或编辑状态。例如，要执行"门"工具，可单击"建筑"→"构建"→"门"命令。

③ 如果同一个工具图标中存在其他工具或命令，则会在工具图标下方显示下拉箭头，单击该箭头，可以显示附加的相关工具。与之类似，如果在工具面板中存在未显示的工具，会在面板名称位置显示下拉箭头。图 2-29 所示为墙工具中包含的附加工具。

④ Revit 根据各工具的性质和用途，分别将工具组织在不同的面板中。如图 2-30 所示，如果存在与面板中工具相关的设置选项，则会在面板名称栏中显示斜向箭头设置按钮。单击该箭头，可以打开对应的设置对话框，对工具进行详细的通用设定。

图 2-29　附加工具菜单

图 2-30　工具设置选项

⑤ 按住鼠标左键并拖动工具面板标签位置时，可以将该面板拖拽到功能区上其他任意位置，使之成为浮动面板。要将浮动面板返回到功能区，移动鼠标移至面板之上，浮动面板右上角显示控制柄时，如图 2-31 所示，单击"将面板返回到功能区"符号即可将浮动面板重新返回工作区域。注意工具面板仅能返回其原来所在的选项卡中。

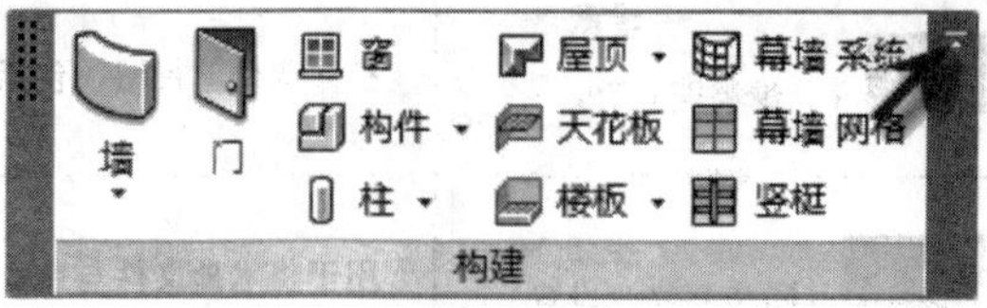

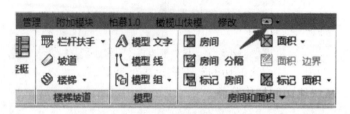

图 2-31 "面板返回到功能区"按钮

⑥ Revit 提供了 3 种不同的功能区面板显示状态。单击选项卡右侧的功能区状态切换符号，可以将功能区视图在显示完整的功能区、最小化到面板平铺、最小化至选项卡状态间循环切换。图 2-32 所示为最小化到面板平铺时功能区的显示状态。

图 2-32 功能区状态切换按钮

七、Revit 系统平台

① 选项栏默认位于功能区下方，用于设置当前正在执行的操作的细节设置。选项栏的内容类似于 AutoCAD 的命令提示行，其内容因当前所执行的工具或所选图元的不同而不同。图 2-33 所示为使用墙工具时选项栏的设置内容。

图 2-33 选项栏

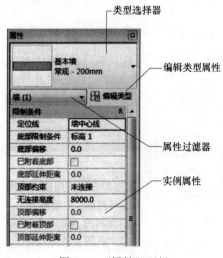

图 2-34 "属性"面板

② 可以根据需要将选项栏移动到 Revit 窗口的底部，在选项栏上单击鼠标右键，然后选择"固定在底部"选项即可。

八、Revit 系统平台属性面板

① "属性"面板可以查看和修改用来定义 Revit 中图元实例属性的参数。属性面板各部分的功能如图 2-34 所示。

② 在任何情况下，按键盘快捷键"Ctrl＋1"均可打开或关闭属性面板。还可以选择任意图元，单击上下文关联选项卡中的 按钮，或在绘图区域中单击鼠标右键，在弹出的快捷菜单中选择"属性"选项将其打开，可以将该选项板固定到 Revit 窗口的任一侧，也可以将其拖拽到绘图区域的任意位置成为浮动面板。

③ 当选择图元对象时，属性面板将显示当前所选择对象的实例属性；如果未选择任何图元，则选项板上将显示活动视图的属性。

九、Revit 系统平台绘图区域

① Revit 窗口中的绘图区域显示当前项目的楼层平面视图以及图纸和明细表视图。在 Revit 中每当切换至新视图时，都在绘图区域创建新的视图窗口，且保留所有已打开的其他视图。

② 默认情况下，绘图区域的背景颜色为白色。在"选项"对话框"图形"选项卡中，可以设置视图中的绘图区域背景反转为黑色。如图 2-35 所示，使用"视图"→"窗口"→"平铺"或"层叠"工具，并可设置所有已打开视图排列方式为平铺、层叠等。

图 2-35　视图排列方式

③ 在楼层平面视图和三维视图中，绘图区各视图窗口底部均会出现视图控制栏，如图 2-36所示。

图 2-36　视图控制栏

通过视图控制栏，可以快速访问影响当前视图的功能，其中包括下列 12 个功能：比例、详细程度、视觉样式、打开/关闭日光路径、打开/关闭阴影、显示隐藏渲染对话框、裁剪视图、显示/隐藏裁剪区域、解锁/锁定三维视图、临时隔离隐藏、显示隐藏的图元、分析模型的可见性。在后面将详细介绍视图控制栏中各项工具的使用。

十、Revit 系统平台视图基本操作

① 可以通过鼠标、ViewCube 和视图导航来实现对 Revit 视图进行的平移、缩放等操作。在平面、立面或三维视图中，通过滚动鼠标可以对视图进行缩放；按住鼠标中键并拖动，可以实现视图的平移。在默认三维视图中，按住键盘"Shift"键并按住鼠标中键拖动鼠标，可以实现对三维视图的旋转。注意，视图旋转仅对三维视图有效。

② 在三维视图中，Revit 还提供了 ViewCube，用于实现对三维视图的控制。

③ ViewCube 默认位于屏幕右上方，如图 2-37 所示。通过单击 ViewCube 的面、顶点或边，可以在模型的各立面、等轴测视图间进行切换。按住鼠标左键并拖拽 ViewCube 下方的圆环指南针，还可以修改三维视图的方向为任意方向，其作用与按住键盘"Shift"键和鼠标中键并拖拽的效果类似。

④ 为更加灵活地进行视图缩放控制，Revit 提供了"导航栏"工具条，如图 2-38 所示。默认情况下，导航栏位于视图右侧 ViewCube 下方。在任意视图中，都可通过导航栏对视图进行控制。

⑤ 导航栏主要提供两类工具：视图平移查看工具和视图缩放工具。单击导航栏中上方

图 2-37　ViewCube

图 2-38　"导航栏"工具条

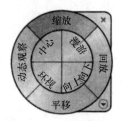

图 2-39　全导航控制盘

第一个圆盘图标，将进入全导航控制盘控制模式，如图 2-39 所示，导航控制盘将跟随鼠标指针的移动而移动。全导航控制盘中提供"缩放""平移""动态观察（视图旋转）"等命令，移动鼠标指针至导航盘中命令位置，按住左键不动即可执行相应的操作。

【快捷键】显示或隐藏导航盘的快捷键为"Shift＋W"键。

⑥ 导航栏中提供的另外一个工具为"缩放"工具，单击缩放工具下拉列表可以查看 Revit 提供的缩放选项，如图 2-40 所示。在实际操作中，最常使用的缩放工具为"区域放大"，使用该缩放命令时，Revit 允许用户绘制任意的范围窗口区域，将该区域范围内的图元放大至充满视口显示。

【快捷键】区域放大的键盘快捷键为 ZR。

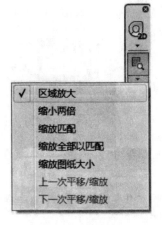

图 2-40　缩放工具

⑦ 任何时候使用视图控制栏缩放列表中的"缩放全部以匹配"选项，都可以缩放显示当前视图中的全部图元。在 Revit 2016 中，双击鼠标中键，也会执行该操作。

⑧ 用于修改窗口中的可视区域。用鼠标点击下拉箭头，勾选下拉列表中的缩放模式，就能实现缩放。

【快捷键】缩放全部以匹配的默认快捷键为 ZF。

⑨ 除对视图进行缩放、平移、旋转外，还可以对视图窗口进行控制。在项目浏览器中切换视图时，Revit 将创建新的视图窗口，可以对这些已打开的视图窗口进行控制。如图 2-41所示，在"视图"选项卡"窗口"面板中提供了"平铺""切换窗口""关闭隐藏对象"等窗口操作命令。

⑩ 使用"平铺"可以同时查看所有已打开的视图窗口，各窗口将以合适的大小并列显示。在非常多的视图中进行切换时，Revit 将打开非常多的视图。这些视图将占用计算机大量的内存资源，造成系统运行效率下降。可以使用"关闭隐藏对象"命令一次性关闭所有隐藏的视图，节省项目消耗系统资源。注意"关闭隐藏对象"工具不能在

图 2-41　窗口操作命令

平铺、层叠视图模式下使用。切换窗口工具用于在多个已打开的视图窗口间进行切换。

【快捷键】窗口平铺的默认快捷键为 WT；窗口层叠的快捷键为 WC。

十一、Revit 系统平台视图显示及样式

通过视图控制栏，可以对视图中的图元进行显示控制。视图控制栏从左至右分别为：视

图比例、视图详细程度、视觉样式、打开/关闭日光路径、阴影、渲染（仅三维视图）、视图裁剪控制、视图显示控制选项。注意由于在 Revit 中各视图均采用独立的窗口显示，因此，在任何视图中进行视图控制栏的设置均不会影响其他视图的设置，如图 2-42 所示。

图 2-42　视图控制栏

Revit 系统平台视图显示及样式见表 2-8。

表 2-8　Revit 系统平台视图显示及样式

类别	内　容
比例	视图比例用于控制模型尺寸与当前视图显示之前的关系。如图 2-43 所示，单击视图控制栏 1：100 按钮，在比例列表中选择比例值即可修改当前视图的比例。注意无论视图比例如何调整，均不会修改模型的实际尺寸，仅会影响当前视图中添加的文字、尺寸标注等注释信息的相对大小。Revit 允许为项目中的每个视图指定不同比例，也可以创建自定义视图比例
详细程度	Revit 提供了三种视图详细程度：粗略、中等、精细。Revit 中的图元可以在族中定义在不同视图详细程度模式下要显示的模型。如图 2-44 所示，在门族中分别定义"粗略""中等""精细"模式下图元的表现。Revit 通过视图详细程度控制同一图元在不同状态下的显示，以满足出图的要求。例如在平面布置图中，平面视图中的窗可以显示为四条线；但在窗安装大样中，平面视图中的窗将显示为真实的窗截面
视觉样式	①视觉样式用于控制模型在视图中的显示方式。如图 2-45 所示，Revit 提供了 6 种显示视觉样式："线框""隐藏线""着色""一致的颜色""真实""光线追踪"。显示效果逐渐增强，但所需要的系统资源也越来越大。一般平面或剖面施工图可设置为线框或隐藏线模式，这样系统消耗资源较小，项目运行较快。 ②线框模式是显示效果最差但速度最快的一种显示模式。"隐藏线"模式下，图元将做遮挡计算，但并不显示图元的材质颜色；"着色"模式和"一致的颜色"模式都将显示对象材质定义中"着色颜色"中定义的色彩，"着色模式"将根据光线设置显示图元明暗关系；"一致的颜色"模式下，图元将不显示明暗关系。 ③"真实"模式和材质定义中"外观"选项参数有关，用于显示图元渲染时的材质纹理。"光线追踪"模式将对视图中的模型进行实时渲染，效果最佳，但将消耗大量的计算机资源。 ④图 2-46 所示为在默认三维视图中同一段墙体在 6 种不同模式下的不同表现

续表

类别	内　容
打开/关闭日光路径、打开/关闭阴影	在视图中,可以通过打开/关闭阴影开关在视图中显示模型的光照阴影,增强模型的表现力。在日光路径里面按钮中,还可以对日光进行详细设置
裁剪视图、显示/隐藏裁剪区域	视图裁剪区域定义了视图中用于显示项目的范围,由两个工具组成:是否启用裁剪及是否显示剪裁区域。可以单击按钮在视图中显示裁剪区域,再通过启用裁剪按钮将视图裁剪功能启用,通过拖拽裁剪边界,对视图进行裁剪。裁剪后,裁剪框外的图元不显示
临时隔离/隐藏选项和显示隐藏的图元选项	在视图中可以根据需要临时隐藏任意图元。如图 2-47 所示,选择图元后,单击临时隐藏或隔离图元(或图元类别)命令,将弹出隐藏或隔离图元选项,可以分别对所选择图元进行隐藏和隔离。其中隐藏图元选项将隐藏所选图元;隔离图元选项将在视图隐藏所有未被选定的图元。可以根据图元(所有选择图元对象)或类别(所有与被选择的图元对象属于同一类别的图元)的方式对图元的隐藏或隔离进行控制。 　　所谓临时隐藏图元是指当关闭项目后,重新打开项目时被隐藏的图元将恢复显示。视图中临时隐藏或隔离图元后,视图周边将显示蓝色边框。此时,再次单击隐藏或隔离图元命令,可以选择"重设临时隐藏/隔离"选项恢复被隐藏的图元。或选择"将隐藏/隔离应用到视图"选项,此时视图周边蓝色边框消失,将永久隐藏不可见图元,即无论任何时候,图元都将不再显示。 　　要查看项目中隐藏的图元,如图 2-48 可以单击视图控制栏中显示隐藏的图元命令,Revit 会将显示彩色边框,所有被隐藏的图元均会显示为亮红色。 　　如图 2-49 所示,单击选择被隐藏的图元,然后单击"显示隐藏的图元"→"取消隐藏图元"选项可以恢复图元在视图中的显示。注意恢复图元显示后,务必单击"切换显示隐藏图元模式"按钮或再次单击视图控制栏按钮返回正常显示模式
显示/隐藏渲染对话框(仅三维视图才可使用)	单击该按钮,将打开渲染对话框,以便对渲染质量、光照等进行详细的设置。Revit 采用 Mental Ray 渲染器进行渲染
解锁/锁定三维视图(仅三维视图才可使用)	如果需要在三维视图中进行三维尺寸标注及添加文字注释信息,需要先锁定三维视图。单击该工具将创建新的锁定三维视图。锁定的三维视图不能旋转,但可以平移和缩放。在创建三维详图大样时将使用该方式
分析模型的可见性	临时仅显示分析模型类别:结构图元的分析线会显示一个临时视图模式,隐藏项目视图中的物理模型并仅显示分析模型类别,这是一种临时状态,并不会随项目一起保存,清除此选项则退出临时分析模型视图

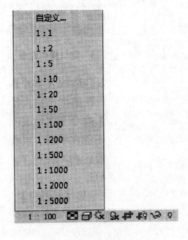

图 2-43　视图比例

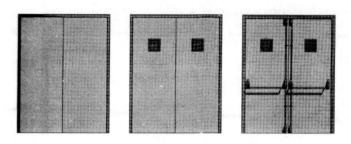

图 2-44　视图详细程度

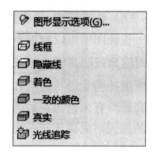

图 2-45　视觉样式选项

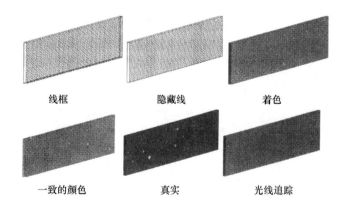

图 2-46　不同模式的视觉样式

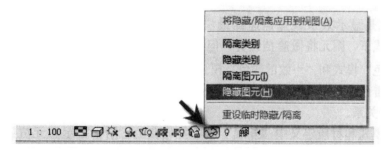

图 2-47　隐藏图元选项

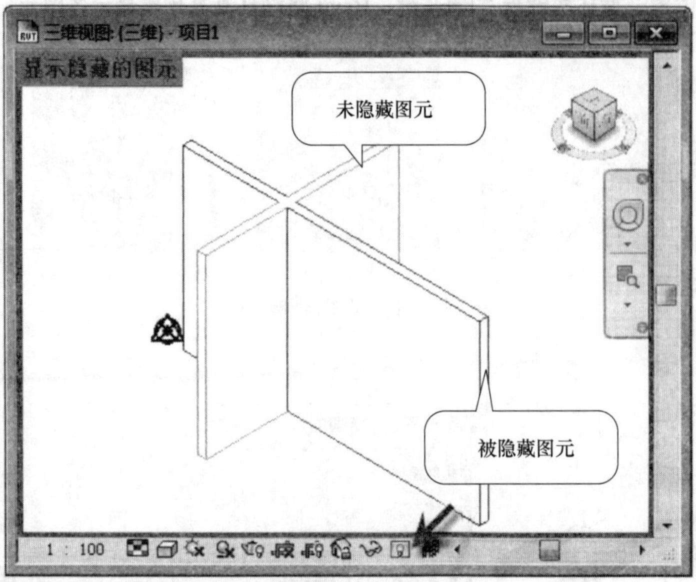

图 2-48　查看项目中隐藏的图元

图 2-49　恢复显示被隐藏的图元

第三章

BIM工程项目建筑设计

第一节　场地、标高、轴网创建

打开 BIM 建筑软件，在图 3-1 所示界面中可以看到提供的四个专业样板文件，选择"HYBIMSpace 建筑样板"，进行建筑模型绘制。

一、导入 CAD 文件

主要介绍 DWG 格式文件插入的方式和插入的 DWG 格式文件在软件中的编辑（如果选择使用 CAD 文件作为底图进行建筑模型绘制的依据时，可使用导入或者链接 CAD 文件）。

1. 导入、链接 DWG 格式文件

点击功能区"插入"→"导入"或"链接"，将前期经过调整处理的建筑专业 CAD 施工图导入/链接到项目中。在弹出的"导入/链接 CAD"格式对话框中对相关的选项逐一设置。

2. 编辑导入/链接的 DWG 格式文件

导入的 DWG 格式文件，通过点击功能区"视图"→"可见性/图形"功能，在打开的对话框下点击"导入的类别"选项（图 3-2）或点击"对象样式"按钮，在弹出的对话框下点击"导入对象"功能项进行编辑。

链接的 DWG 格式文件可以通过点击功能区"管理"→"管理链接"功能进行编辑。

图 3-1　新建建筑项目

二、地形表面

单击功能区"体量和场地"→"地形表面"，功能区显示"修改 | 编辑表面"，如图 3-3 所示。

其中工具中显示了三种创建地形表面的方式，即放置点、选择导入实例、指定点文件。在导入等高数据之后，建议使用"简化表面"命令来简化地形，以减少计算机负担来提高系统性能。在视图中通过放置点来创建地形表面的步骤如下。

① 打开"创建地形表面"模型，双击"项目浏览器"1F 平面图打开，单击"体量和场地"→"地形表面"命令。

② 在选项栏中选择"绝对高程"和定义高程，默认为 0。

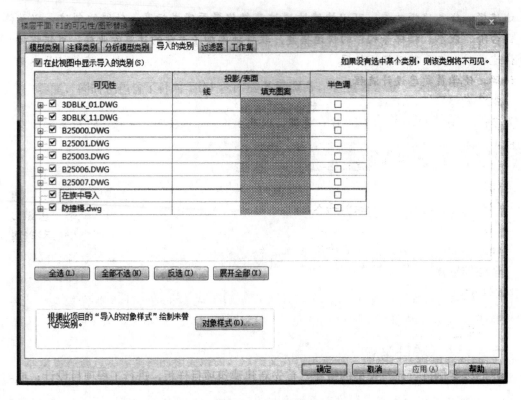

图 3-2 编辑导入的 DWG 格式文件

图 3-3 修改 | 编辑表面

③ 在绘图区域中右键，单击"缩放匹配"，显示所有构件。

④ 单击"修改 | 编辑表面"→"放置点"，在平面图中建筑物外绘制四个点形成矩形，如图 3-4 所示，单击修改栏对勾完成表面。

⑤ 双击项目浏览器中的三维视图，在三维视图的"属性"栏中勾选上"剖面框"，如图 3-5 所示，在三维视图中单击显示的剖面框，单击控制点 ◢▼ 剖切到地形表面，这样就能显示场地剖面。

⑥ 保存该项目文件。

三、建筑地坪

在创建好的地形表面中可以按照项目需要添加建筑地坪。在食堂项目中可以创建低于 1F 位置楼板的地坪，步骤如下。

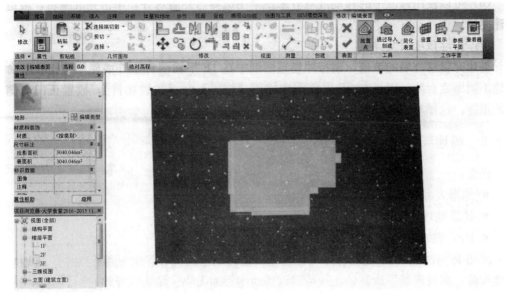

图 3-4 放置点

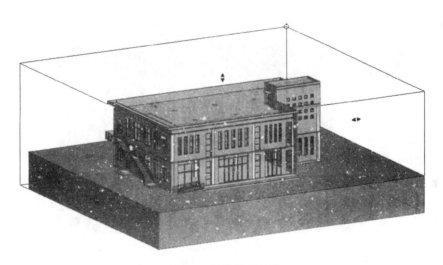

图 3-5 场地剖面显示

① 打开"创建建筑地坪"模型，双击"项目浏览器"中的楼层平面 1F，切换到 1F 平面图。

② 单击"体量和场地"→"建筑地坪"，"修改 | 建筑地坪边界"界面与楼板基本一致。

③ 单击修改栏中的"拾取线"，鼠标光标移动到楼板边缘，按"Tab"键切换到"选中所有的楼板边界"。

④ 在地坪属性栏中将"自标高的高度偏移"设置为"－300"，如图 3-6 所示。

⑤ 单击修改栏中的对勾完成编辑模式，单击功能区"视图"→"剖面"，在平面视图中创建一个剖面，在剖面中可以看到一个低于楼板的建筑地坪，如图 3-7 所示。

⑥ 在剖面图中选择建筑地坪，单击"属性"栏中的"编辑类型"，在弹出的"类型属性"对话框中单击编辑结构。

⑦ 在弹出的"编辑部件"对话框中，基本设置与墙和楼板的材质厚度设置一样。

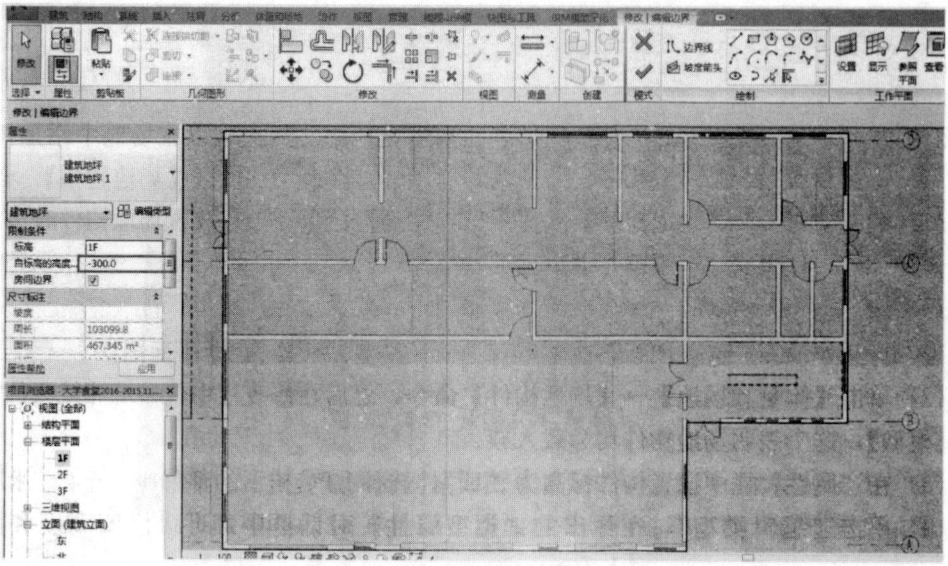

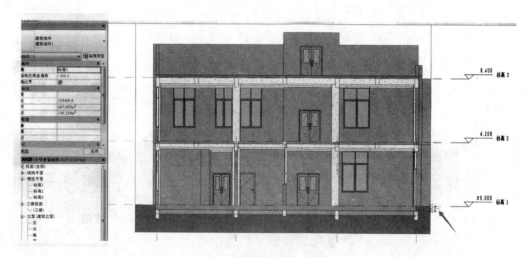

图 3-6　建筑地坪边缘

图 3-7　建筑地坪剖面

图 3-8　修改场地

⑧ 保存该项目文件。

针对地形表面的话，除了可以在上面添加建筑地坪之外，还可以直接对地形进行拆分和合并，其中拆分表面的话需要绘制一个与地形边界连接的闭合环或者是一个两个端点都在地形边界上的开放环。

如果想设置不同的材质地形表面，可以使用"子面域"功能。这些功能都在修改地形表面中，如图 3-8 所示。

四、RPC 树木

创建完地形表面和建筑地坪之后，可以在场地中添加树木、电线杆、停车场等构件。直接使用功能区"场地建模"→"场地构件"和"停车场构件"命令即可。放置场地构件时可以使用图元编辑里的基本操作。

在大学食堂模型中放置场地构件的步骤如下。

① 打开"创建 RPC"模型，双击项目浏览器切换到 1F 平面图。

② 单击"体量和场地"→"场地构件"命令，之后在修改栏中仅显示"载入族"和"内建模型"，这个表明场地构件均为载入族。

③ 在"属性"栏中设置构件标高为"1F"，选择 RPC 树下的苹果树"—6.0 米"。

④ 单击"编辑类型"，在弹出的"类型属性"对话框中，可以修改高度和渲染外观。

⑤ 单击渲染外观参数中的"Common Apple"，弹出如图 3-9 所示的对话框。

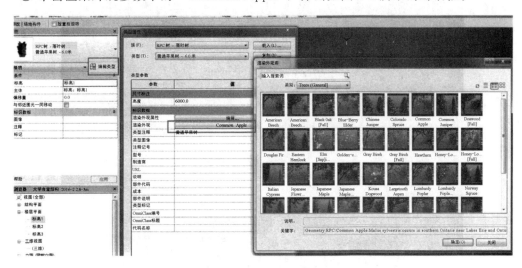

图 3-9　渲染外观库

⑥ 在"渲染外观库"对话框中包含各种类别，针对项目的具体情况，可以选择不同的 RPC 植物、人物、交通工具等。

⑦ 查看苹果树的渲染外观之后，可以直接在 1F 平面图绘图区域中，在建筑物周围单击

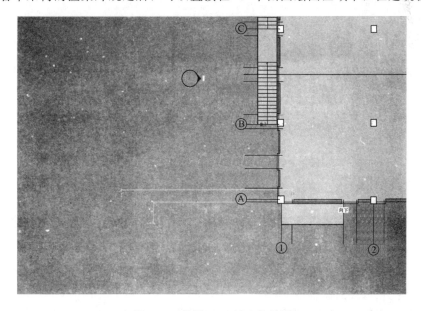

图 3-10　放置 RPC 树木效果图

放置 RPC 构件，其效果图如图 3-10 所示。

⑧ 使用阵列的命令，在食堂周围创建如图 3-11 所示 RPC 树木。

⑨ 使用相同的步骤可以在 1F 平面图中添加停车场构件和车辆，创建之后在三维视图中的显示如图 3-12 所示。

⑩ 保存该项目文件。

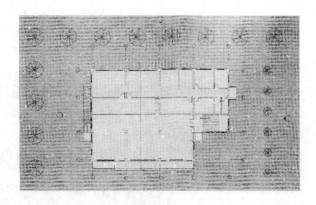

图 3-11　场地 RPC 树木

图 3-12　场地构件

五、创建标高

楼层设置：打开 BIM 建筑软件，点击"轴网柱子"→"楼层设置"，在"楼层设置"对话框中可批量向上或向下添加楼层标高（图 3-13）。

六、标高

在"楼层设置"对话框（图 3-13）中多选标高，批量修改功能便可使用。

七、创建轴网

对轴网的创建 BIM 建筑软件提供了"直线轴网"和"弧形轴网"两个主要的轴网创建功能。

直线轴网：使用 BIM 建筑软件，点击"轴网柱子"→"直线轴网"，在"直线轴网"（图 3-14）对话框中可批量对进深或开间添加直线轴网，同时提供对轴线族、X 向轴号、Y 向轴号等信息批量修改的命名。

轴网创建完成后，可以使用轴线编辑和轴号编辑命令对轴网进行修改和编辑。

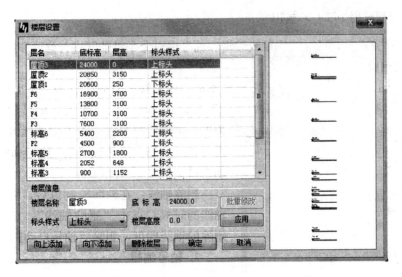

图 3-13　楼层设置

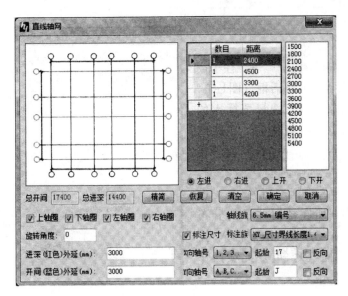

图 3-14　绘制直线轴网

1. 轴线编辑

添加轴线：在轴网绘制以后，需要再添加一些轴线的时候，点击"添加轴线"，点击一根轴线作为参照轴线，打开"添加轴线"对话框（图 3-15），输入新轴号和偏移距离或角度，确定后在图面上点击需要插入轴线的方向进行轴线添加。添加轴线后轴号会相应地进行自动重排。

删除轴线：在轴网绘制以后，需要删除某些轴线的时候，点击"删除轴线"，点击选择需要删除的轴线即可，删除后轴号自动进行重排。

图 3-15　添加轴线

2. 轴号编辑

轴号重排：点击"轴号重排"，打开"轴号重排"对话框，输入起始轴号编号，点击确定以后首先选择一根与需要调整的轴线垂直的轴线，然后点击需要调整的起点轴线和终点轴线，进行轴号的自动重排。

分区轴号：点击"分区轴号"，打开"分区编号"对话框，输入分区编号，如"A－""A/""1－""1/"等。框选需要修改的轴线即可完成。

主辅互转：点击"主辅互转"功能，点选需要转换的轴线即可完成。后续轴号会相应地进行自动重排，无须手动修改。

第二节 BIM 土建基础梁、柱创建

一、基础创建

利用 Revit 创建不同建筑基础。首先切换至 1F 结构平面视图，检查并设置结构平面视图"属性"面板中的"规程"为"结构"（以独立基础为例）。单击功能区"结构"→"基础"→"独立基础"命令，由于当前项目所使用的项目样板中不包含可用的独立基础族，因此弹出提示框是否载入结构基础族对话框，如图 3-16 所示。

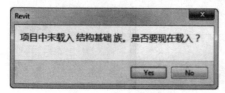

图 3-16 是否载入结构基础族对话框

① 单击"Yes"，将打开"载入族"对话框。打开练习文件"独立基础坡形截面"族文件，载入该基础族。Revit 将自动切换至"修改 | 放置独立基础"上下文选项卡。

② 如图 3-17 所示，单击"多个"面板"在柱上"命令，进入"修改 | 放置独立基础→在柱上"模式。

图 3-17 修改 | 放置独立基础

③ 如图 3-18 所示，在该模式下，Revit 允许用户拾取已放置于项目中的结构柱。框选视图中所有结构柱，Revit 将显示基础放置预览。单击"多个"面板中的按钮 ✔ ，完成结构柱的选择。

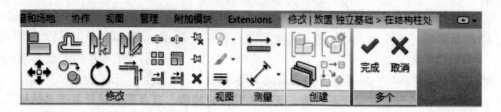

图 3-18 完成结构柱选择

④ Revit 将自动在所选择结构柱底部生成独立基础，并将基础移动至结构柱底部。Revit 给出如图 3-19 所示警告对话框。单击视图任意空白位置关闭该警告对话框。

图 3-19　警告对话框

⑤ 按"Esc"键两次，退出所有命令。此时"属性"面板中显示当前结构平面视图属性。单击"视图范围"参数后的"编辑"按钮，打开"视图范围"对话框。如图 3-20 所示，修改"视图深度"中的标高"偏移量"为"-1800"，修改"主要范围"中"底"偏移量为"-1200"。完成后单击按钮 **确定** 退出"视图范围"对话框。

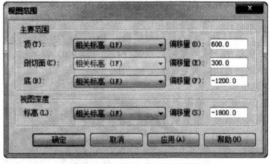

图 3-20　视图范围对话框

⑥ 修改视图范围后，基础将显示在当前楼层平面视图中，结果如图 3-21 所示。

⑦ 当基础尺寸不相同时，可以使用图元"属性"编辑基础的长度、宽度、阶高、材质等，可从类型选择器切换其他尺寸规格类型；可用"移动""复制"等编辑命令进行创建编辑。切换至默认三维视图，完成后基础模型如图 3-22 所示。

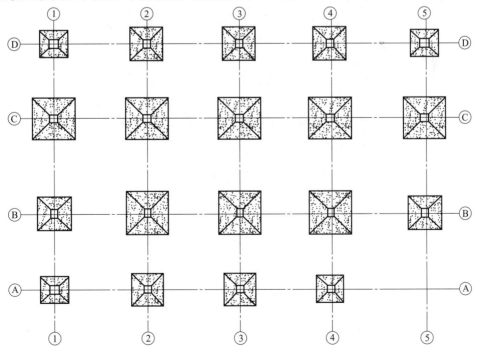

图 3-21　完成基础放置

⑧ 完成独立基础的布置，保存该项目文件。条形基础的用法类似于墙饰条，用于沿墙底部生成带状基础模型。单击选择墙即可在墙底部添加指定类型的条形基础，如图 3-23 所

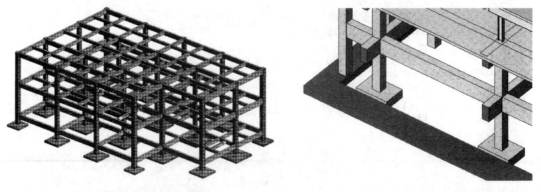

图 3-22　完成后的基础模型　　　　　图 3-23　条形基础布置

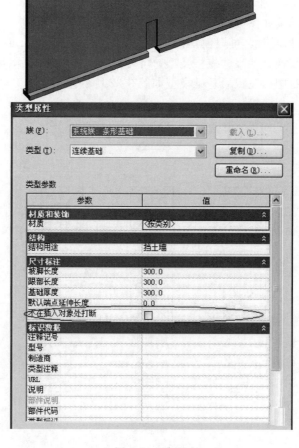

图 3-24　墙洞

示。可以分别在条形基础类型参数中调节条形基础的坡脚长度、根部长度、基础厚度等参数，以生成不同形式的条形基础。与墙饰条不同的是，条形基础属于系统族，无法为其指定轮廓，且条形基础具备诸多结构计算属性，而墙饰条则无法参与结构承载力计算。

独立基础是将自定义的基础族放置在项目中，并作为基础参与结构计算。使用"公制结构基础.rte"族样板可以自定义任意形式的结构基础。基础底板则可以用于创建建筑筏板基础。

Revit墙上有洞口的墙下条形基础（图3-24）：此处墙体的插入对象指的是通过可加载的族文件创建的门和窗，即在项目浏览器目录中族文件的门和窗，并且门窗要通过墙底。如果采用的是工具栏中的墙洞口添加的洞口，无论勾选此项与否，只要洞口通过到墙底，基础都会在洞口处被打断。

二、柱的创建及编辑

1. 创建柱子（以结构柱为例）

在框架结构模型中，结构柱是用来支撑上部结构并将荷载传至基础的竖向构件，可在族库中选择要创建的类型，如图3-25所示。

① 切换至1F楼层平面视图，检查并设置结构平面视图"属性"面板中的"规程"为"结构"。如图3-26所示，单击"视图"→"创建"→"平面视图"→"结构平面"选项，弹出"新建结构平面"对话框。

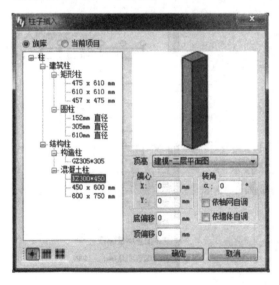

图3-25 插入柱子

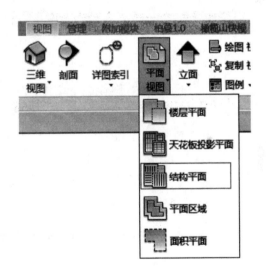

图3-26 新建结构平面

② 如图3-27所示，在"新建结构平面"对话框中，将列出所有未创建结构平面视图的标高。配合键盘"Ctrl"键，在标高列表中选择"1F""2F"以及"屋面标高"。单击按钮 **确定** ，退出"新建结构平面"对话框。Revit将为所选择的标高创建结构平面视图，并在项目浏览器视图类别中创建"结构平面"视图类别。

③ 切换至1F结构平面视图。不选择任何图元，Revit将在"属性"面板中显示当前视图属性。如图3-28所示，修改"属性"面板中的"规程"为"结构"，单击按钮 **应用** 应用该设置。

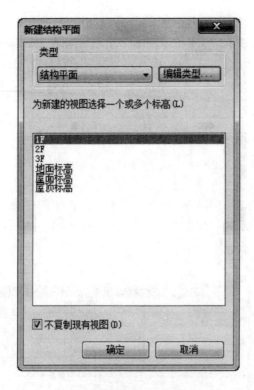

图 3-27　选择标高创建结构平面　　　　　　　图 3-28　修改结构规程

④ 单击"结构"→"柱"工具，进入结构柱放置模式。自动切换至"修改｜放置结构柱"上下文选项卡，如图 3-29 所示。

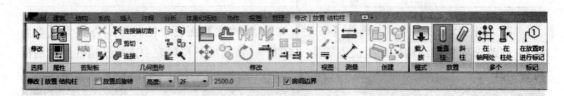

图 3-29　修改｜放置结构柱（一）

⑤ 如图 3-30 所示，单击"属性"面板中的"编辑类型"按钮，打开"类型属性"对话框，确认"族"为"混凝土—矩形—柱"。

⑥ 如图 3-31 所示，在"类型属性"对话框中，单击按钮 <u>复制(D)...</u> ，在弹出的"名称"对话框中输入"550×500mm²"作为新类型名称，完成后单击按钮 <u>确定</u> 返

回"类型属性"对话框。

图 3-30 确定结构柱类型

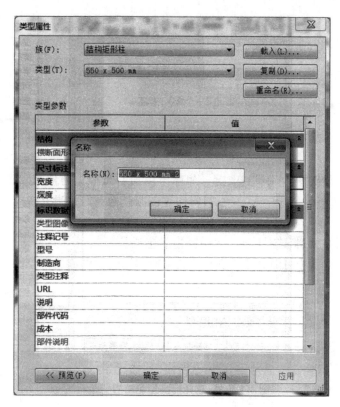

图 3-31 修改结构柱属性

⑦ 修改类型参数"b"和"h"（分别代表结构柱的截面宽度和深度）的值为"550"和"500"。完成后单击按钮 ██████ **确定** 退出"类型属性"对话框，完成设置。

⑧ 如图 3-32 所示，确认"修改｜放置结构柱"面板中柱的生成方式为"垂直柱"；修改选项栏中结构柱的生成方式为"高度"，在其后下拉列表中选择结构柱到达的标高为"2F"。

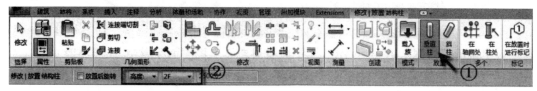

图 3-32 修改｜放置结构柱（二）

⑨ 单击功能区"多个"面板中的"在轴网处"命令，进入"在轴网交点处"放置结构柱模式，自动切换至"修改｜放置结构柱"的"在轴网交点处"上下文选项卡。移动鼠标至①轴线点击选中，然后按住"Ctrl"键分别点击选中Ⓓ、Ⓐ轴线，则上述被选择的轴线变成蓝色显示，并在选择框内所选轴线交点处出现结构柱的预览图形，单击"多个"面板中的按钮 ✔ 完成，Revit 将在预览位置生成结构柱。

⑩ 使用类似的方式继续创建其他轴线的结构柱，结果如图 3-33 所示。

⑪ ④、⑤轴上为偏心柱，放置柱后点击柱出现临时尺寸，修改临时尺寸如图 3-34 所

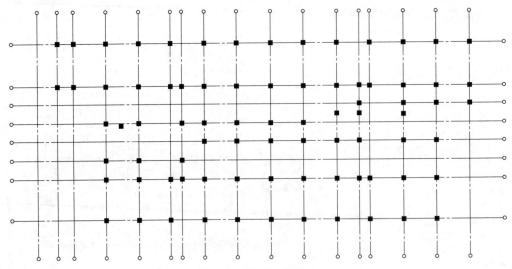

图 3-33　放置后的柱子

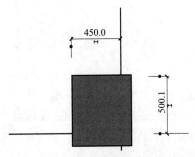

图 3-34　修改临时尺寸

示，同时配合对齐、移动等命令可以将柱调整到正确位置。

2. 编辑柱子

一般通过柱子类型属性对话框，选择需要编辑的柱子和梁，进行构件的二次选择、构件类型的添加和重命名、构件尺寸参数调整以及载入和删除操作等。柱子的类型属性对话框见图 3-35。

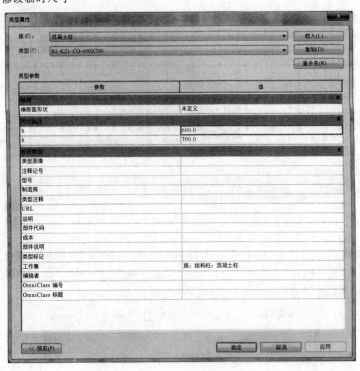

图 3-35　编辑柱子

3. Revit 结构柱不可见的解决方法（图 3-36～图 3-38）

① 键盘输入 VV 快捷键。

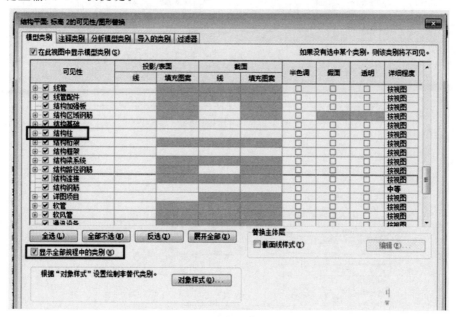

图 3-36　结构柱不可见解决（一）

② 单击"常用"选项卡"洞口"面板中的"按面"。

③ 然后选择要添加洞口的构件所在的相应平面，选择柱所在平面。

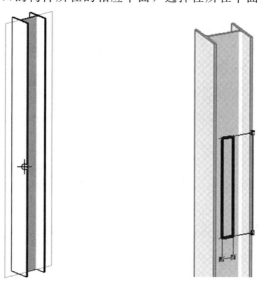

图 3-37　结构柱不可见解决（二）　　图 3-38　结构柱可见解决

4. Revit 如何分离基础和结构柱

如果柱底加入了独立基础，那么此基础就被默认关联到了结构柱的底部，之后如果柱底标高发生了修改，基础也会同时进行修正，如图 3-39 所示。

第一种方法：直接修改基础标高及偏移值，如图 3-40 所示。

第二种方法：选择基础并剪切掉，然后粘贴时，选择"与选定的标高对齐"，粘到需要

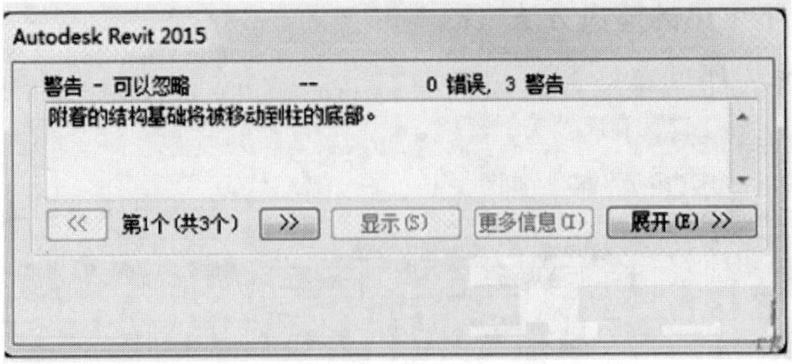

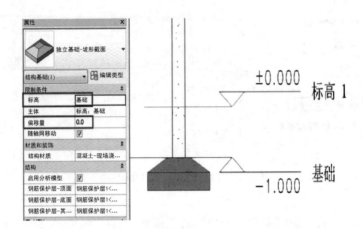

图 3-39　图同时移动

图 3-40　修改

对应的另外的标高上即可，如图 3-41 所示。

三、梁的创建及编辑

可根据不同的交互方式，点击功能区"墙和梁"→"批量建梁"，打开"批量建梁"对话框（图 3-42），选择要布置梁的楼层标高、布置方式、梁类型并设置布置参数就可以完成梁的批量创建。

图 3-41　剪切

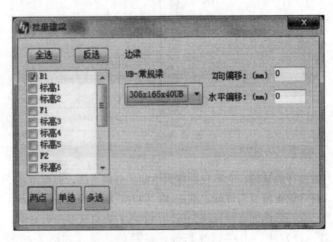

图 3-42　批量建梁

　　根据梁在各楼层的布置情况，通过"绘制梁"和"批量建梁"的灵活组合可以快速完成各楼层梁的创建。

1. 创建

以 Revit 结构梁为例具体操作如下。

　　① 切换至 1F 结构平面视图，检查并设置结构平面视图"属性"面板中的"规程"为"结构"。单击功能区"结构"→"梁"命令，自动切换至"修改｜放置梁"上下文选项卡中。

　　② 单击"模式"面板中的"载入族"命令，载入练习文件"混凝土矩形梁.rfa"族文件。Revit 将当前族类型设置为刚刚载入的族文件。

　　③ 打开"类型属性"对话框，复制并新建名称为"250×600"的梁类型。如图 3-43 所示，修改类型参数中的宽度为"250"，高度为"600"。注意修改"类型标记"值为"250×600"。完成后，单击按钮 **确定** 退出"类型属性"对话框。

　　④ 如图 3-44 所示，确认"绘制"面板中的绘制方式为"直线"。激活"标记"面板中的"在放置时进行标记"选项；设置选项栏中的"放置平面"为"2F"，修改结构用途为"大梁"，不勾选"三维捕捉"和"链"选项。

图 3-43　结构梁的类型属性

　　⑤ 确认"属性"面板中的"Z 方向对正"设置为"顶"，即所绘制的结构梁将以梁图元顶面与"放置平面"标高对齐。如图 3-45 所示，移动鼠标至⑤轴线与Ⓒ轴线相交位置单击，将其作为梁起点，沿⑤轴线竖直向上移动鼠标直到至⑤轴线与①轴线相交位置单击作为梁终点，绘制结构梁。

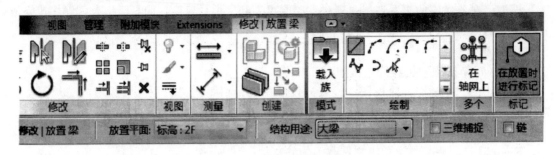

图 3-44　修改 | 放置梁

⑥ 由于梁与柱的关系为梁与柱外边缘平齐，因此需对所建梁做对齐处理。使用"对齐"命令，进入对齐修改模式。如图 3-46 所示，鼠标移动到结构柱外侧边缘位置单击作为对齐的目标位置，再次在梁外侧边缘单击鼠标左键，梁外侧边缘将与柱外侧边缘对齐。

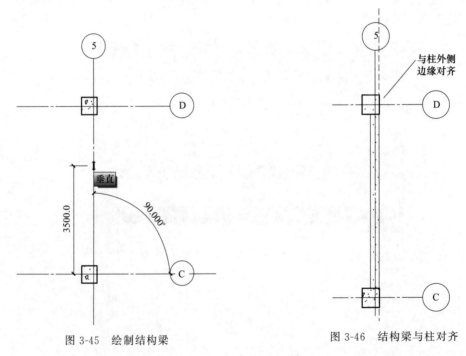

图 3-45　绘制结构梁

图 3-46　结构梁与柱对齐

⑦ 使用类似的方式，绘制 2F 结构平面视图其他部分的梁。注意位于外侧的梁均与结构柱外侧边缘对齐。结果如图 3-47 所示。

⑧ 框选 2F 结构平面视图中的所有图元。

a. 配合使用选择 ▼ ，过滤选择所有已创建的梁图元及梁标记。

b. 配合使用"复制到剪贴板"→"与选定的视图对齐"的方式粘贴至"1F"与"屋面标高结构平面视图"。

c. 切换至默认三维视图，创建完成后的框架梁如图 3-48 所示。

⑨ 保存该项目文件。

a. 可批量在一根轴线上两个轴线交点间生成梁，也可以在整根轴线上生成梁，还可以在选择的全部轴线上生成梁。

b. 可指定梁的偏心距、Z 方向上的偏移量，还可以一次创建多层的梁。

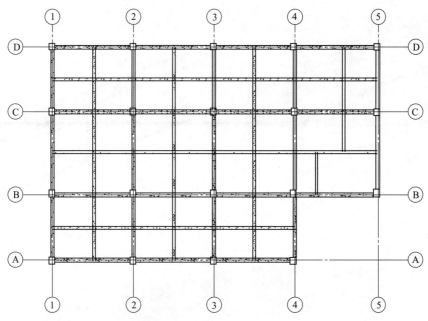

图 3-47 2F 结构梁绘制完成

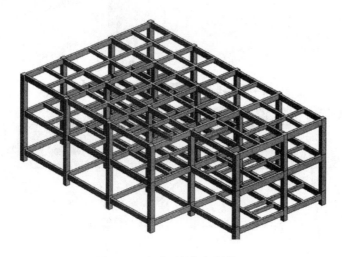

图 3-48 完成后的框架梁模型

c. 点击"橄榄山快模"→"快速生成构件"→"轴线生梁"命令启动快速创建梁命令。

2. 梁绘制问题

① 使用"绘制"面板绘制工具，在梁、支撑或柱上绘制洞口（图 3-49、图 3-50）。当使用"矩形"选项为结构梁、支撑或结构柱绘制洞口时，可指定半径，使用"半径"可绘制带圆角的矩形，从而避免在可集中应力的洞口上出现尖锐拐角。

在功能区中，单击"模式"面板完成编辑模式。

可以使用"面洞口"工具在各种结构图元（例如梁、支撑或结构柱）中剪切洞口。梁洞口适用于垂直或水平穿过梁主轴和副轴（通常是垂直或水平）的面。梁洞口会剪切整个图元（例如，它不能只剪切宽翼缘梁的一个翼缘）。每个梁、支撑或柱提供洞口的两个垂直平面。这些平面与构件的主轴和副轴对齐。

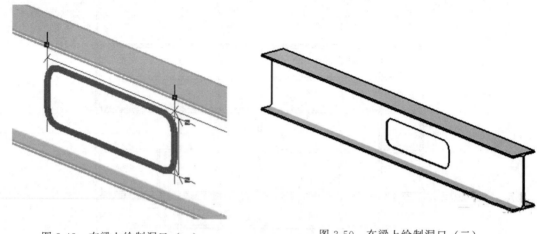

图 3-49　在梁上绘制洞口（一）　　　　　　　　图 3-50　在梁上绘制洞口（二）

图 3-51　梁与梁交接地方绘制（一）

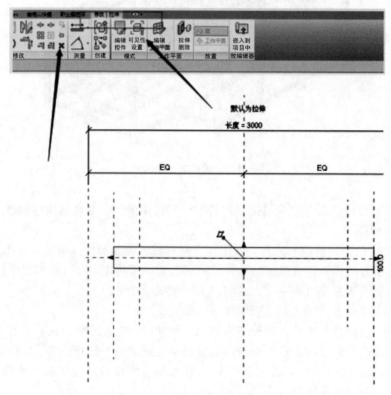

图 3-52　梁与梁交接地方绘制（二）

② 梁与梁交接的地方绘制（图 3-51、图 3-52）。把框架族样板中的拉伸删除，新建一个放样的实体即可。

第三节　BIM 墙体创建

一、墙体创建

墙体包括以下几种。

建筑墙：主要用于绘制建筑中的隔墙。

结构墙：绘制方法与建筑墙完全相同，但使用结构墙工具创建的墙体，可以在结构专业中为墙图元指定结构受力计算模型，并为墙配置钢筋，因此该工具可以用于创建剪力墙等墙图元。

① 使用 BIM 建筑软件，点击功能区"墙和梁"→"绘制墙"，选定所需的建筑平面，设置底部限制条件、顶部约束（图 3-53），可根据需要设置墙体定位线。

② 在类型属性中复制新的墙体，并修改其类型名称，使其名称与所要求的一致。定位线设置参考图 3-54。

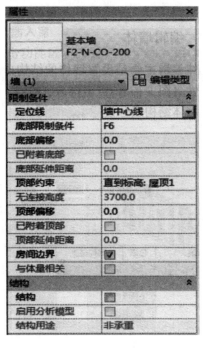

图 3-53　绘制墙体

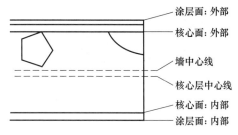

图 3-54　墙体定位线说明

1. 编辑墙体

墙体编辑主要是设置墙体的结构成分。在类型属性中，点击构造中的编辑，根据所需的墙体结构成分设置墙体（图 3-55）。

2. Revit 墙体创建

① 打开"绘制墙"模型，单击功能区"建筑"→"墙"命令，功能区显示"修改｜放置墙"，如图 3-56 所示。

② 在"绘制"面板中可以选择绘制墙的工具。该工具与梁的绘制工具基本相同，包括

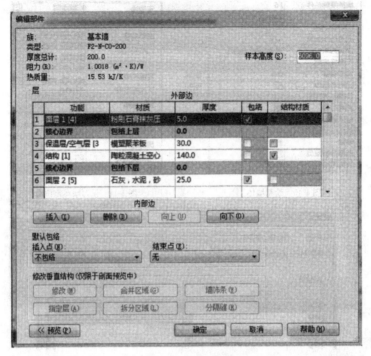

图 3-55 编辑墙体

图 3-56 修改 | 放置墙

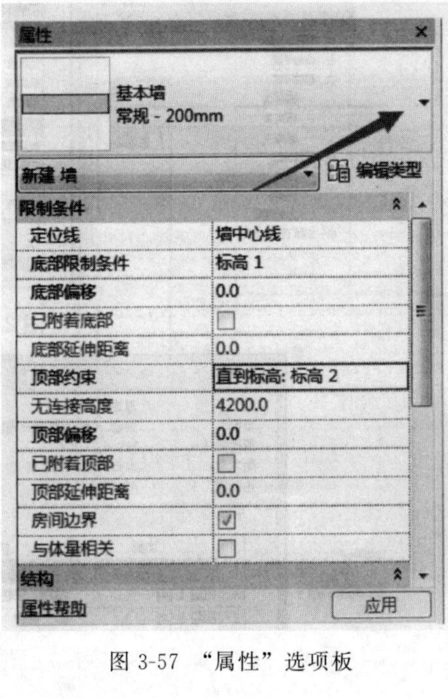

默认的"直线""矩形""多边形""圆形""弧形"等工具。其中需要注意的是两个工具:一个是"拾取线",使用该工具可以直接拾取视图中已创建的线来创建墙体;另一个是"拾取面",该工具可以直接拾取视图中已经创建的体量面或是常规模型面来创建墙体。

单击墙按钮之后,"属性"选项板的显示如图 3-57 所示。

a. 单击墙类型,在下拉列表中选择其他需要的类型。

b. 定位线是指在平面上的定位线位置,默认为墙中心线,还包括"核心层中心线""涂层面:外部""涂层面:内部""核心面:外部""核心面:内部"。

c. 底部限制条件和顶部约束是定义墙的底部和顶部标高。

d. 底部偏移和顶部偏移是相对应底部标高

图 3-57 "属性"选项板

和顶部标高进行偏移的高度，由这四个参数来控制墙体的总高度。

选择墙的类型时，需要按照项目中的需要创建各种墙类型，单击"属性"中"编辑类型"，打开"类型属性"对话框。在"类型属性"对话框中，确认"族"列表中当前族为"系统族：基本墙"，单击按钮 复制(D)... ，输入墙体类型名称单击按钮 确定返回"类型属性"对话框。

如果要继续修改墙的厚度和图层，在"类型参数"中单击结构参数一栏的值"编辑"按钮。打开"编辑部件"对话框，中间部分的层设置情况即是该墙体的组成图层，可以添加不同的功能图层并且设定其材质和厚度，上文中提到的核心层是两个核心边界中间的部分。而墙体"类型属性"对话框中的"厚度"参数值为所有图层厚度的总和，如图 3-58 所示。

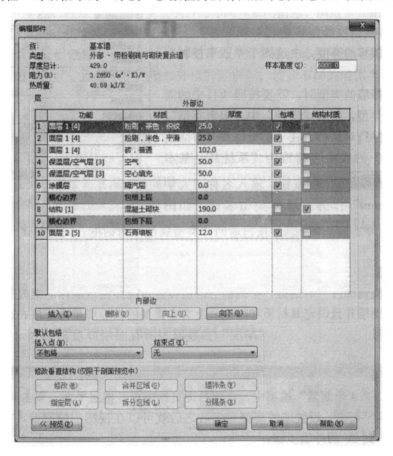

图 3-58 绘制墙选择

③ 绘制。

继续在"绘制墙"模型中，在项目浏览器中点开楼层平面，双击其中的"1F"，即可打开 1F 层平面图。设置墙的类型和参数之后就可以在视图中绘制墙。在 1F 层平面图中，绘制 1F 到 2F 的外墙步骤如下。

a. 单击功能区"建筑"→"墙"命令，在工具栏中选择绘制"直线"命令。

b. 在"属性"选项板中选择墙类型，并将"底部限制条件"和"顶部约束"分别选择"1F"和"直到 2F"。

c. 从左到右水平方向绘制墙，这样能保证涂层面外部是处于上部。绘制时可用使用空格键来切换墙内部外部。

d. 在选项栏中将"链"勾选上，这样可以连续绘制墙，并且按需求设置偏移量。

e. 在1F层平面图中开始绘制墙，设定偏移量"－200"，单击平面图左下角①轴线与Ⓐ轴线的交点，水平方向移动光标，在键盘中输入数值"900"，这样就能创建一段900mm长度的墙体，如图3-59所示。

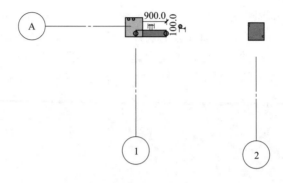

图 3-59 墙路径

按照以上步骤，绘制整个1F平面墙体，如图3-60所示。最后保存该项目文件。

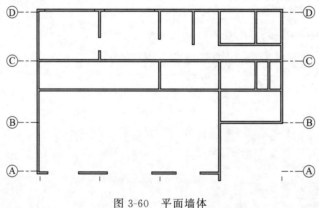

图 3-60 平面墙体

3. 墙上切洞口

在墙上剪切洞口时，可以在直墙或弧形墙上绘制一个矩形洞口；对于墙，只能创建矩形洞口（图3-61），不能创建圆形或多边形形状的洞口（图3-62）。创建族时，可以在族几何图形中绘制洞口。

图 3-61 弧形墙矩形洞口

（1）墙上矩形洞口

① 打开可访问作为洞口主体的墙的立面或剖面视图。

② 选择将作为洞口主体的墙（图 3-63）。

③ 点选开洞的墙（图 3-64）。

④ 绘制一个矩形洞口。

⑤ 待指定了洞口的最后一点之后，将显示此洞口（图 3-65）。

⑥ 要修改洞口，点选绘制的洞口，导航栏出现"修改命令栏"即可进行洞口大小、数量及位置的修改。同时也可拖拽控制柄修改洞口的尺寸和位置（图 3-66）。

图 3-62   屋顶多边形洞口

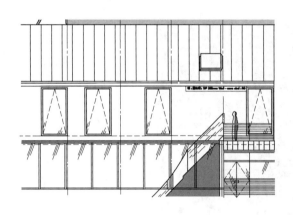

图 3-63   洞口主体墙

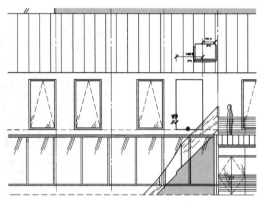

图 3-64   在合适位置绘制洞口

图 3-65   绘制完成窗洞口

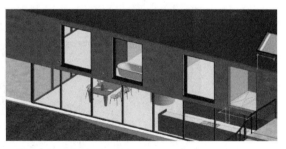

图 3-66   洞口修改

（2）屋顶任意形状洞口

在屋顶、楼板或天花板上剪切洞口时，可以在图元的面剪切洞口，也可以选择整个图元进行垂直剪切。区别在于如果选择了"按面"，则在楼板、天花板或屋顶中选择一个面；如果选择了"垂直"，则选择整个图元。

① 选择创建洞口的屋顶面（图 3-67）。

② 在屋顶面上绘制洞口形状（图 3-68）。

图 3-67　点选屋顶面

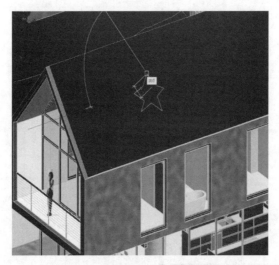

图 3-68　绘制想要的洞口形状

③ 绘制完成，勾选绿色完成按钮，即可创建任意形状的屋顶洞口（图 3-69）。

图 3-69　绘制完成屋顶洞口

二、幕墙创建

打开"创建幕墙"模型，在项目浏览器中双击打开 1F 平面图，在平面图中绘制幕墙的步骤如下。

① 单击"墙"命令，在墙属性栏中选择幕墙。

② 幕墙底部限制条件设置为"1F"，顶部约束也设置为"1F"，将顶部偏移设置为"3600"。

③ 沿着Ⓐ轴线，在①轴和②轴线之间的墙空白处绘制一段幕墙，如图 3-70 所示。

④ 单击"建筑"→"幕墙网格"，显示"修改丨放置幕墙网格"，如图 3-71 所示。

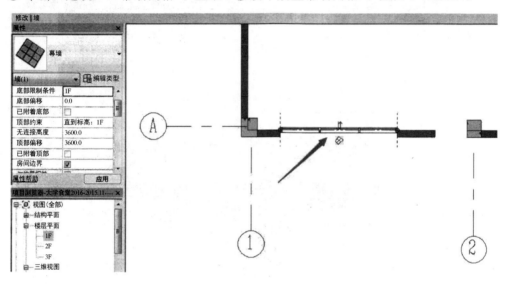

图 3-70 创建幕墙

⑤ 单击修改面板中的"全部分段"，在立面图中靠近幕墙左边边缘，在状态栏显示"幕墙嵌板的三分之一"位置时单击鼠标左键。使用相同的步骤，在光标接近幕墙下边缘的两个三分之一处分别创建网格。

⑥ 网格创建完毕之后，可以在网格的基础上添加竖梃，单击"建筑"→"竖梃"，显示"修改丨放置竖梃"，如图 3-72 所示。

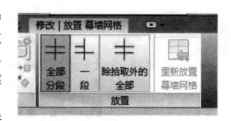

图 3-71 修改丨放置幕墙网格

⑦ 单击"全部网格线"，在"属性"栏中选择"矩形竖梃 $50×150$mm"，在立面图中单击幕墙上的网格之后就生成如图 3-73 所示竖梃样式。

⑧ 按照相同的步骤，请将Ⓐ轴与②～③轴、③～④轴之间的幕墙添加上。另外在添加Ⓓ轴与①～②轴、②～③轴之间的幕墙时，请将基本墙顶标高设置为"1F"，偏移设置为"900"，幕墙底标高设置为 900，这样就显示为墙体下部分为基本墙，上部分为幕墙。

⑨ 将整个 1F 的墙创建完毕之后的显示如图 3-74 所示，保存该项目文件。

三、BIM 技术在建筑表皮设计的应用

纽约 290 Mulberry Street 项目表皮设计中的应用优秀案例如图 3-75 所示。

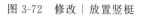

图 3-72　修改｜放置竖梃

图 3-73　竖梃样式

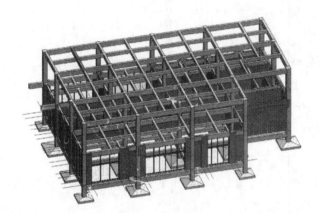

图 3-74　一层平面图幕墙

图 3-75　Mulberry Street 项目

1. 表皮设计的难题（图3-76）

290 Mulberry Street 这个项目坐落在纽约 Nolita（小意大利北部）西北边缘，北面是 Huston 大街，西面是 Mulberry 大街上的历史建筑 Puck Building。它的标准层平面有 2000ft² （1ft² ＝0.092903m²）。考虑到这个区域的房地产价格，290 Mulberry Street 表皮厚度的优化对于平衡表皮设计增加的价值和可售面积的价值至关重要。城市区划要求该建筑朝向 Huston 和 Mulberry 两条街的两面采用"石造建筑"外墙，这是为了与 Puck Building 这个纽约最著名的石造建筑之一相呼应，整体协调。

结果是，这个建筑的周边环境直接定义了这个建筑表皮，它是建筑师对于周围街区和建筑规范的直接回应。SHoP 的设计概念的关注点在于：对当地法律法规的诠释以及对石造建筑（Puck Building）的当代回应，在应对石造建筑和细节方面避免了混杂的处理手法。

2. 将难题变成新的可能性

图 3-76　Puck Building 的一角，以施工中的 290Mulberry Street 作为前景

290 Mulberry Street 的设计是由多个关键点驱动的：室内面积最大化，使建筑在规范允许的投影限制内，以及使整体立面的厚度最小化。这些要求就决定了一种对砖墙细节进行现代再诠释的办法。SHoP 提出了表皮的一种"波纹"设计方案——砖块在整个立面上突出堆叠（不是单调地突出，而是像一个外圆角那样）——这与建筑规范设想的环境并不是很融合。"波纹"的"峡谷"处在建筑红线上，所以尽管只有 0.75in（约 1.9cm），但几乎整个立面都超出了建筑红线。为解决这一问题，SHoP 利用分析软件计算出超出建筑红线的平均值，确保其可以满足建筑规范的要求。

图 3-77　在运往施工现场前单独的预制砖面板

要使表皮上每块砖都以精确的数值突出于表面，是难以通过泥瓦匠手砌来实现的。这些砖在工厂被预先制成定制面板，如图 3-77 所示。

3. 单元可能性转化为实际应用（图3-78、图3-79）

设计在两个不同的尺度同时发展。在小尺度上，独立的砖突出它周围的砖的长度不能超过 0.75in（约 1.9cm）。同时，在较大尺度上，确保面板的布置与柱网、层高和开窗相协调同样重要。在使用不同的实体和数字设计模型的基础上，SHoP 通过从细节到整体砖的布置过程以及从整体到细节的表皮设计过程将整个设计深化。

建筑师将建筑表皮理解为一种分层的过程而不是理解为一种独立、先入为主的形式，他们在知道建筑的确定形态之前就开始了表皮的参数化数字建模。参数化模型特别有助于在给定参数限制而不是固定形态的条件下，进行可能的构件与制造技术的探索。

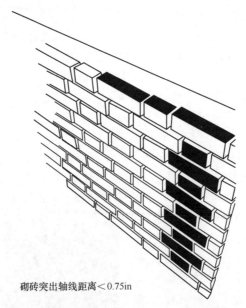

砌砖突出轴线距离＜0.75in

图 3-78   砖立面的一顺一丁砌法图

图 3-79   表皮电脑模型，表现窗户位置、面板设计与建筑结构的协调

　　这个项目是 SHoP 事务所第一个测试并使用建筑信息模型（BIM）平台的项目。BIM 是一种软件技术，它建立的数字模型包含了构件数量与性质等相关的信息，并且能够自动将任一模型视图内的变化与模型的其他部分相关联。Revit 是一种可以将各个部分信息进行参数化协调的 BIM 软件。SHoP 使用 Revit 软件，根据其他各种软件产生的面板数据制作相关图纸和文件。

第四节　BIM 门窗创建

一、门窗创建

　　① 点击功能区"门窗"→"插入门"，打开"插入门"对话框，可以同时完成门构件及其

规格的选择、门类型的新建、门布置参数（门槛高）的设定、插入方式（主要包括拾取点、垛宽插入、等分墙段插入、等分轴线插入四种方式）的选择及对应参数的设定、门标记样式和标记文字的设定等一系列操作，实现门构件的快捷布置。

② 点击功能区"门窗"→"插入窗"，打开"插入窗"对话框（图 3-80），可以同时完成窗构件及其规格的选择、窗类型的新建、窗布置参数（窗台高）的设定、插入方式的选择（主要包括拾取点、垛宽插入、等分墙段插入、等分轴线插入四种方式）及对应参数的设定、窗标记样式和标记文字的设定等一系列操作，实现窗构件的快捷布置。

图 3-80　插入窗

二、门窗编辑

通过门和窗族的类型属性对话框选择需要编辑的门和窗构件，进行门窗构件的二次选择、构件类型的添加和重命名、构件尺寸参数的调整以及载入和删除操作等。

门构件的类型属性对话框见图 3-81。门窗构件的布置效果见图 3-82。

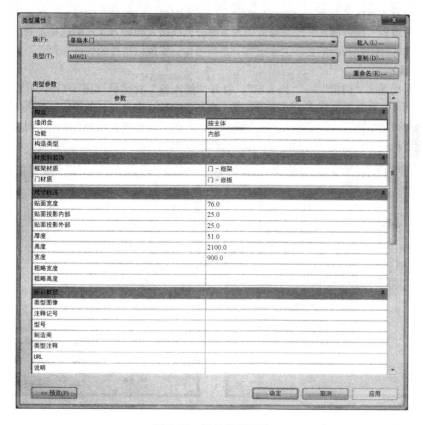

图 3-81　门的类型属性

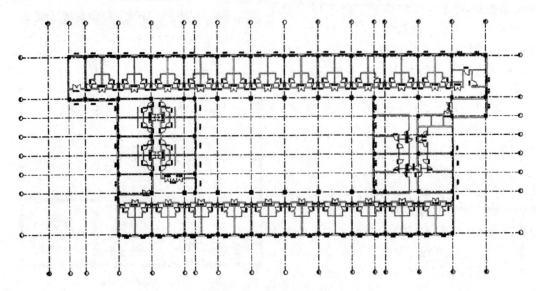

图 3-82　布置门窗后的模型

三、Revit 创建门窗

（1）创建门

打开"放置门窗"模型，打开 1F 平面图放置门窗步骤如下。

① 在功能区单击"建筑"→"门"命令。

② 单击门"属性"栏，在下拉列表中选择"×××门 4 乙 FM1521"。

③ 光标移到④～⑤轴线与Ⓑ轴线相交的墙上，等光标由圆形禁止符号变为小十字之后单击该墙，在单击的位置生成一个门。

④ 选中门，高亮显示左右的尺寸标注，单击左边尺寸标注的数值，将其修改为 0，如图 3-83所示。

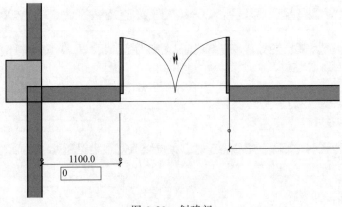

图 3-83　创建门

⑤ 单击门上的翻转按钮（或者是空格键），更改门的方向。

按照以上步骤，从项目浏览器中切换到三维视图，可以看到门在三维视图中的显示如图 3-84所示，保存该项目文件。

（2）创建窗

图 3-84　门视图

将模型中剩下的 1F 门窗按照模型创建完成，如图 3-85 所示，保存该项目文件。

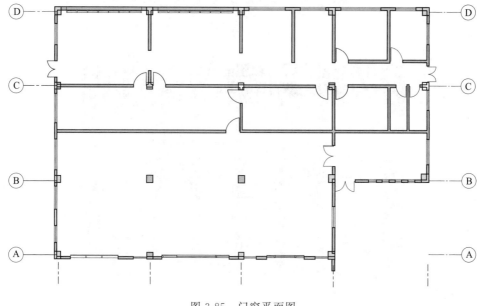

图 3-85　门窗平面图

（3）幕墙添加门窗

① 打开"创建幕墙门窗"模型，切换到三维视图中，如果是按照普通门窗命令创建的话是无法拾取幕墙的，可以采取替换幕墙嵌板来设定为门窗。

② 在三维视图中，光标移动到中间②～③轴之间的幕墙附近，选择其中一块嵌板边缘，按"Tab"键切换到嵌板高亮显示，单击该嵌板。

③ 在属性栏中可以看到显示为"系统嵌板玻璃"，单击下拉列表中选择"窗嵌板"，如图 3-86 所示。

④ 替换一个嵌板之后可以将中间的四个嵌板都替换，按空格键调整把手的位置，按"Tab"键选中中间的竖梃并将其删除掉，创建结果如图 3-87 所示。

⑤ 放置门或窗的时候建议多使用修改中的复制或阵列命令来创建，在三维视图中将其他结构构件都隐藏之后，仅显示这两节创建 1F 的建筑墙和门窗，显示如图 3-88 所示。

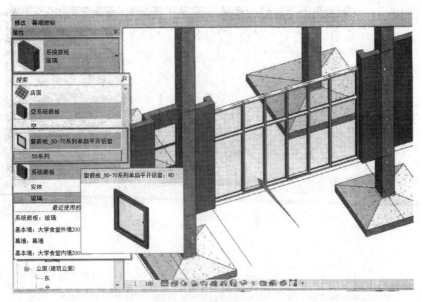

图 3-86　切换窗嵌板

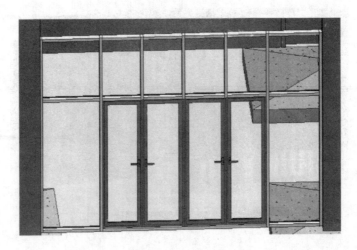

图 3-87　嵌板门

图 3-88　一层平面图门窗

第五节 BIM 楼板、散水、屋顶创建

一、楼板创建

1. 创建

① 点击功能区"其他构件"→"生成楼板",打开"楼板生成"对话框,选择要生成的楼板类型。

② 设定标高偏移、边界组成条件、生成方式和操作方式等布置参数。

③ 快速完成各楼层楼板的创建。

楼板创建的三维效果见图 3-89。

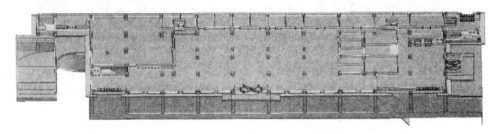

图 3-89　创建楼板后的模型图

Revit 创建楼板步骤如下。

① 单击功能区"建筑"→"楼板"命令,功能区显示"修改│创建楼层边界",如图 3-90 所示。

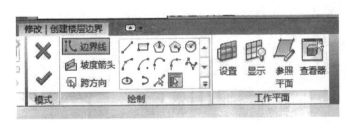

图 3-90　修改│创建楼层边界

② 楼板边界的绘制工具与墙的绘制工具基本相同,包括默认的"直线""矩形""多边形""圆形""弧形"等工具。需要注意的是一个工具"拾取墙",使用该工具可以直接拾取视图中已创建的外墙来创建楼板边界。

③ 楼板的标高是在实例属性中设置的,其类型属性与墙也基本一致,通过修改结构来设置楼板的厚度,如图 3-91 所示。

④ 打开"创建楼板"模型,双击"项目浏览器"中的 1F 平面图,在平面图中创建楼板步骤如下。

a. 单击功能区"建筑"→"楼板"命令。

b. 在"属性"栏中,单击楼板下拉菜单,选择"楼板"样式,标高设置为"1F"。

⑤ 光标移动到左下角Ⓐ轴与①轴交点处,按"Tab"键切换到连续的墙,如图 3-92 所示。

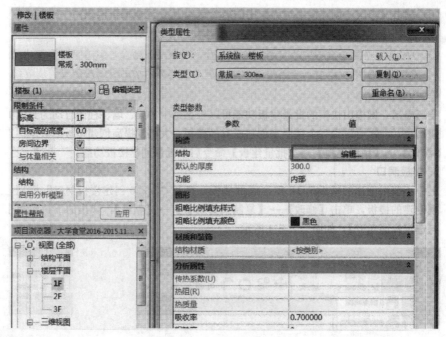

图 3-91　楼板类型属性

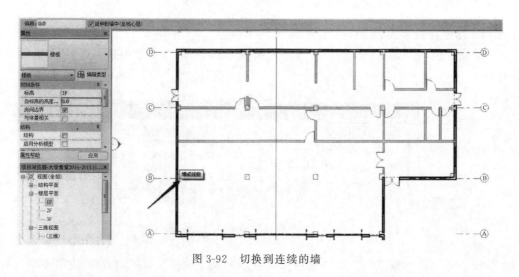

图 3-92　切换到连续的墙

⑥ 单击鼠标，会生成图 3-92 中亮显的草图线，再沿着Ⓐ轴将剩下的幕墙边缘也拾取上。

⑦ 使用"修改"面板中的"对齐""修剪""延伸"等命令使草图线形成一个闭合的环。

⑧ 单击"修改｜创建楼层边界"中的对勾，完成编辑模式。

⑨ 保存该项目文件。

2. 编辑楼板

① 生成楼板以后，楼板的编辑可以通过点击功能区"其他构件"→"自动拆分""楼板合并""楼板升降""板变斜板""楼板边缘"子功能，实现楼板的直接编辑，可根据需要选择相应的编辑功能即可。

② 选择要编辑的楼板，Revit 软件功能面板上会出现"修改/楼板"→"模式"和"形状

编辑"功能选项板，通过点击对应的功能项就可以完成楼板边界和形状编辑。

③ 楼板类型的新建、重命名、替换以及结构属性等参数的设置都可以在楼板的类型属性对话框中完成，见图 3-93。

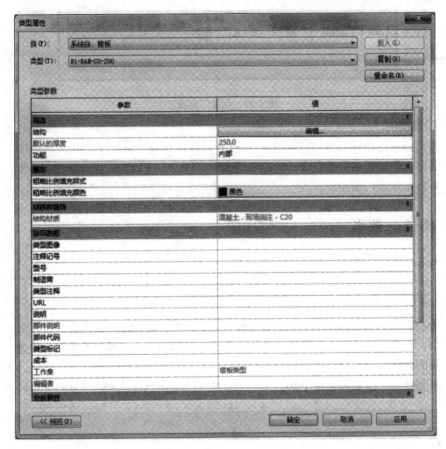

图 3-93　楼板类型属性对话框

可以在楼板结构属性对话框（图 3-94）中，对墙体各部件的顺序、功能、材质、厚度等参数按 CAD 图的说明进行编辑。

楼板属于系统族，其类型的编辑和参数的调整需要通过类型属性对话框进行设置。

3. 楼板洞口

① "创建楼板洞口"模型，选中刚刚创建的楼板，单击"修改"→"复制到剪切板"→"粘贴"，在弹出的下拉菜单中选择"与选定的标高对齐"，如图 3-95 所示。

② 如图 3-95 所示，在弹出的"选择标高"对话框中，按住"Ctrl"键的同时选择"2F"，单击确定按钮，将视图切换到三维视图中，可以看到在 2F 中有相同的楼板实例。

③ 在楼板中创建洞口。在楼板上开洞常用以下两种方式。

a. 第一种方式。编辑草图时在闭合边界中需要开洞口的位置添加小的闭合图形，那么小闭合图形就是一个洞口。如图 3-96 所示在楼梯间创建一个小的封闭的矩形洞口。

b. 第二种方式。使用"建筑"选项栏中的洞口功能，单击其中的"竖井"，同样绘制封闭矩形洞口，如图 3-97 所示。

单击完成竖井之后，选中该竖井修改其底部限制和顶部约束。这种方式多用于高楼层需要在同一位置创建相同大小的洞口。

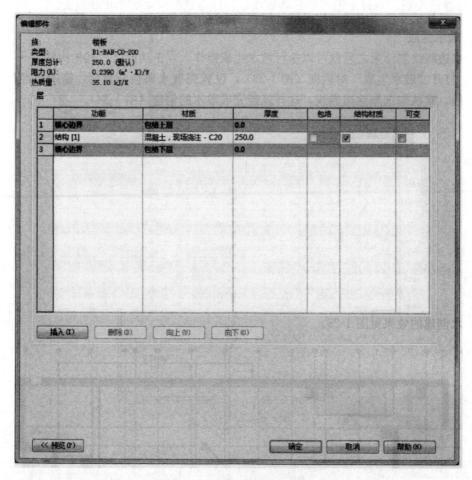

图 3-94　楼板结构属性对话框

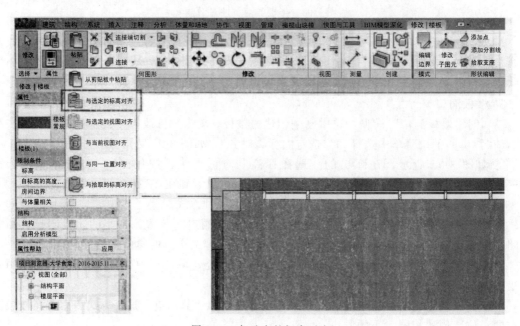

图 3-95　与选定的标高对齐

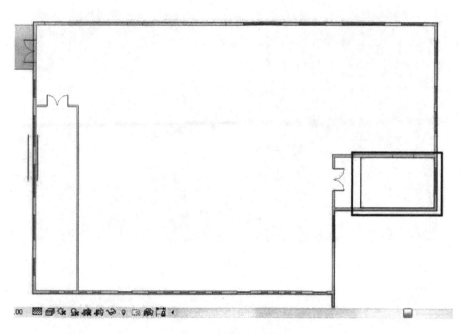

图 3-96   封闭矩形洞口

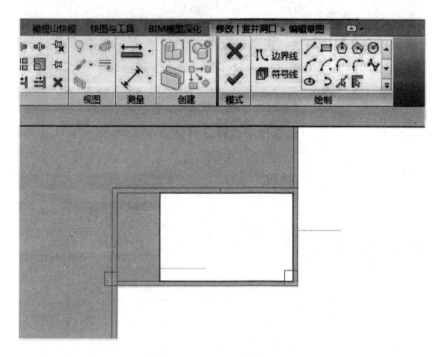

图 3-97   竖井洞口

4. Revit 倾斜楼板的绘制

① 先绘制好与标高平行的楼板，如图 3-98 所示。

② 选择楼板，在"形状编辑"面板找到"修改子图元"并单击之，会出现几个可以调整的点（根据楼板的边角而定），如图 3-99 所示。

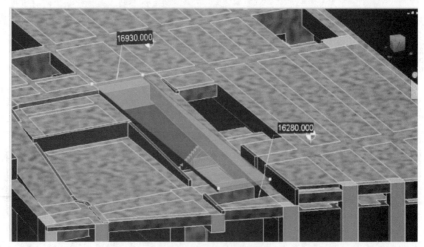

图 3-98　楼板绘制（一）

图 3-99　修改子图元

③ 点击需要调整的端点，会出现可以移动的上下箭头。点击箭头并拉动就可以对楼板进行调整，也可以直接输入偏移量进行调整，如图 3-100 所示。

图 3-100　楼板绘制（二）

④ 完成调整，如图 3-101 所示。

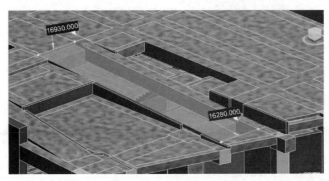

图 3-101 楼板效果图

二、散水创建

1. 创建

① 点击功能区"其他构件"→"散水边线搜索"，打开"搜索散水边线"对话框，勾选是否包含柱，然后框选需要的墙体和柱子，完成散水边线的创建。

② 点击功能区"其他构件"→"散水边线绘制"打开"编辑散水边线"对话框，选择绘制线工具、拾取墙边界，设定散水生成方向，删除不需要的边线，完成散水边线的创建。

③ 通过散水边线搜索方式生成的散水边线沿墙体和柱（勾选包含柱）分布，而通过散水边线绘制方式生成的散水边线可以按照建筑专业 CAD 图的要求灵活绘制，这样创建散水边线比较灵活，后期的编辑量较小。

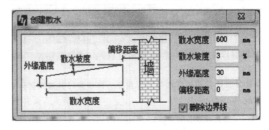

图 3-102 创建散水

④ 散水边线绘制结束之后就可以执行散水生成操作。点击功能区"其他构件"→"创建散水"，打开创建"散水"对话框，设置完散水属性参数后，框选已经创建的散水边线，默认勾选删除边界线，这样就能完成散水的创建（图 3-102）。

散水创建的效果见图 3-103。

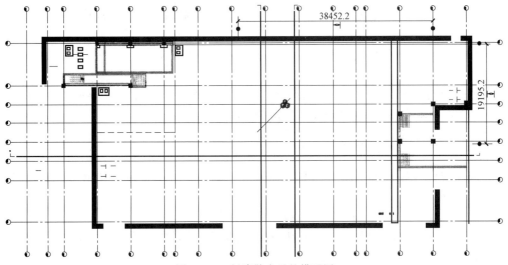

图 3-103 创建散水后的模型图

2. 编辑

① 散水的编辑可以通过类型属性对话框对其放置参数进行调整，如图 3-104 所示。

② 由于生成的散水属于可载入族，其形状的编辑需要在族编辑器里边进行。散水族在族编辑器里（楼层参照标高平面）的形状如图 3-105 所示。

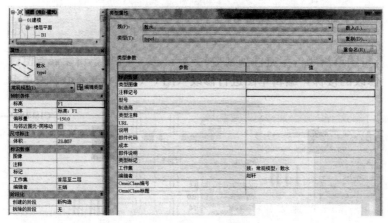

图 3-104　散水编辑

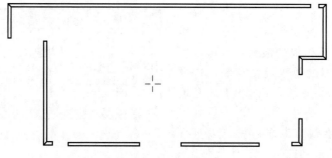

图 3-105　散水族形状

3. 画墙的创建散水

① 打开"建筑"选项卡→"墙"→"编辑类型"，到墙的类型属性对话框中（图 3-106）。

② 进入墙的"编辑类型"里面，打开"编辑部件"对话框，打开预览后将视图改成剖面（图 3-107）。

③ "修改"等功能按钮会亮显（图 3-108），若不进行"视图改为剖面显示"这一步，则是暗显的。

④ 点击"墙饰条"，在弹出的"墙饰条"对话框中点击"添加"，结果如图 3-109 所示。在轮廓的下拉按钮中就能选择所要添加的轮廓。

⑤ 如果没有合适轮廓，就需要自己载入轮廓到项目中。点击"载入轮廓"进入"载入族"对话框中，如图 3-110 所示。

⑥ 选择需要的轮廓（以散水为例）。点击"轮廓"→"常规轮廓"→"场地"就会弹出如图 3-111所示的对话框。

选中散水文件，点击"打开"即可载入到项目中。

⑦ 在"墙饰条"对话框中，点击轮廓的下拉按钮，就能找到刚刚载入的族，如图 3-112所示。

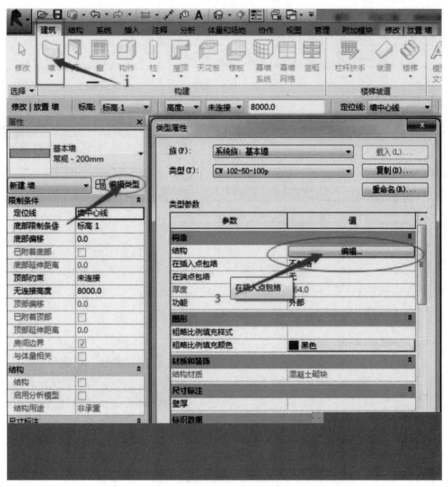

图 3-106   选项卡

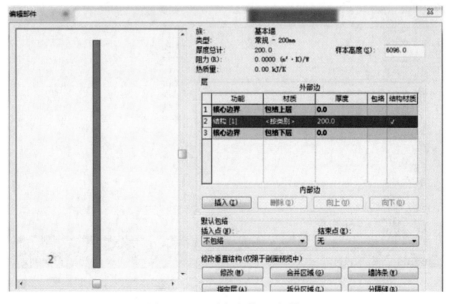

图 3-107   "编辑部件"对话框

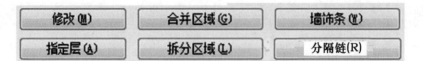

图 3-108　修改

图 3-109　添加轮廓

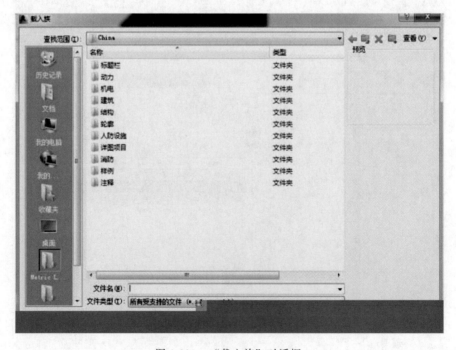

图 3-110　"载入族"对话框

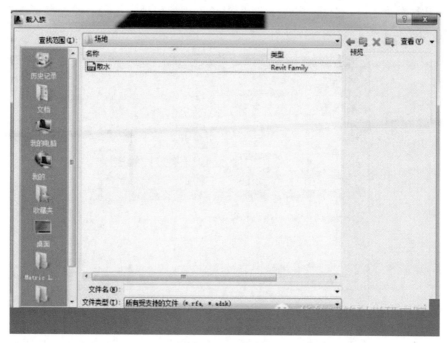

图 3-111　选中

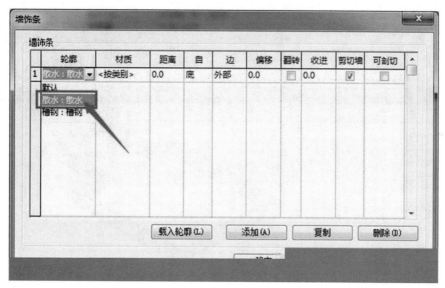

图 3-112　点击轮廓的下拉按钮

点击"确定",这样绘制墙的时候墙上直接就带有散水了。

4. 楼板创建散水

在用 Revit 创建建筑模型时,我们经常需要创建建筑散水,但是 Revit 并未提供创建散水的命令。下面介绍用楼板创建散水的方法。

① 点击创建楼板命令,在绘制模式中根据散水的轮廓形状绘制楼板,如图 3-113 所示。

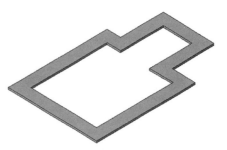

图 3-113　绘制楼板

② 选择创建的楼板，在其"编辑部件"对话框中编辑楼板结构，勾选"可变"复选框，如图 3-114 所示。

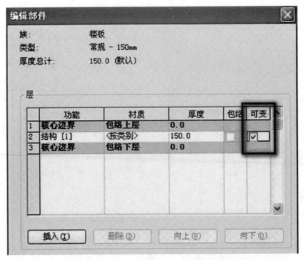

图 3-114　勾选"可变"复选框

③ 确认后，选中创建的楼板，在动态命令栏中选择"添加点"，进入到楼板标高点编辑模式（图 3-115）。

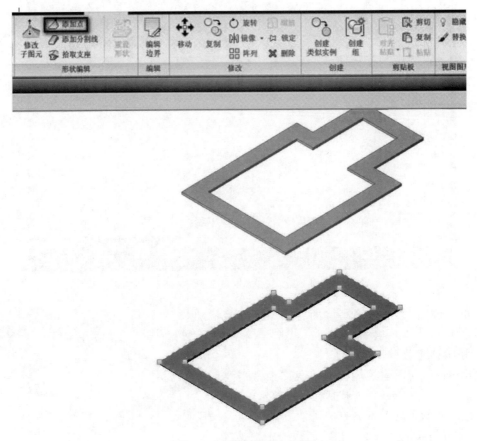

图 3-115　楼板标高点编辑

④ 在楼板角点添加高程点，完成后依次修改每个角点的标高（图 3-116）。

⑤ 完成所有角点标高设置后退出命令，散水就创建完成了，如图 3-117 所示。

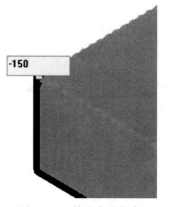

图 3-116　修改角点标高

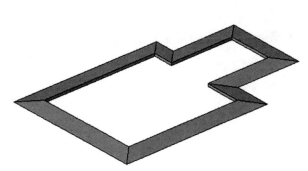

图 3-117　散水完成

三、屋顶创建

屋顶的创建方式有三种，其中比较简单的是"面屋顶"，直接拾取已经创建好的体量或者常规模型的表面创建屋顶，如图 3-118 所示。

"迹线屋顶"的创建方式与楼板绘制草图边界基本相同，其中的区别是迹线屋顶的每一个草图线是可以定义屋顶坡度的，定义坡度的草图线旁边会出现小三角形符号，如图 3-119 所示。

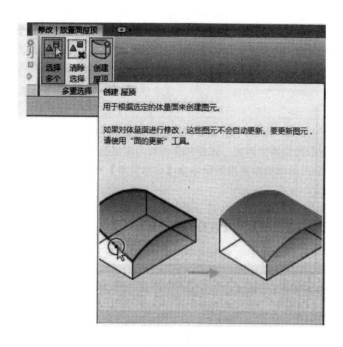

图 3-118　面屋顶

某屋顶效果如图 3-120 所示。设置如图 3-121 所示。

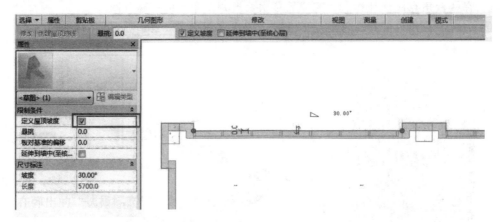

图 3-119 迹线屋顶定义坡度

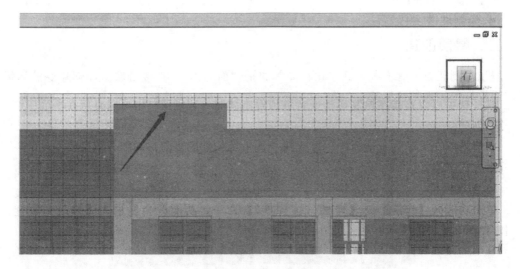

图 3-120 某屋顶效果

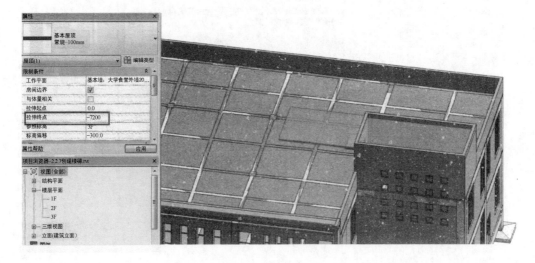

图 3-121 拉伸后屋顶效果

第六节   BIM 楼梯、扶手

一、创建楼梯

① 使用 BIM 建筑软件，点击功能区"其他构件"→"双跑楼梯"，根据各个需求的提示绘制出所需的楼梯（图 3-122），结合右边的预览图，使其楼梯与所需的完全一致（图 3-123）。

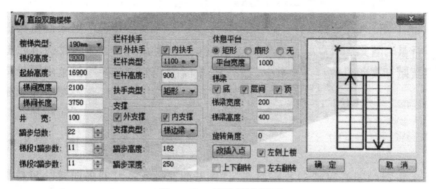

图 3-122   创建楼梯界面

楼梯的扶手可在这个命令下一并设置好。

② 点击需要修改的楼梯，编辑草图进行修改（图 3-124）。

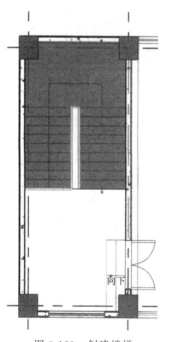

图 3-123   创建楼梯

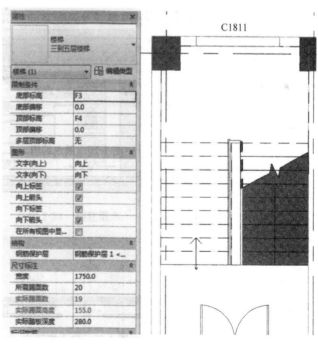

图 3-124   编辑楼梯

Revit 软件创建的步骤如下。

① 单击功能区"建筑"→"楼梯（按构件）"命令，功能区会显示为"修改｜创建楼梯"，如图 3-125 所示。

② 梯段部分包括"直梯""螺旋""L形转角"和"U形转角"梯段。平台连接两个梯段，支座是梯边梁或者是斜梁。梯段部分的"构件草图"与草图绘制楼梯基本相似。单击该按钮，修改界面就与草图楼梯相同，如图3-126所示。

图 3-125　修改 | 创建楼梯

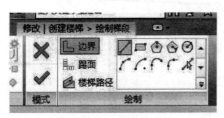

图 3-126　楼梯草图界面

a. 打开"创建楼梯"模型，双击"项目浏览器"1F平面图，单击按构件创建楼梯。

b. 在"修改 | 创建楼梯"中，单击"梯段"→"直梯"。

c. 单击"工具"→"栏杆扶手"，在弹出的对话框中将扶手样式设置为"900mm圆管"。

d. 在"属性"栏中选择"整体浇筑楼梯"，底部标高设置为"1F"，顶部标高设置为"2F"。

e. 在尺寸标注中将踢面数设置为"24"，实际踏板深度设置为"280"。

f. 在"选项栏"中将定位线设置为"梯边梁外侧：左"，实际梯段宽度设置为"1500"，如图3-127所示。

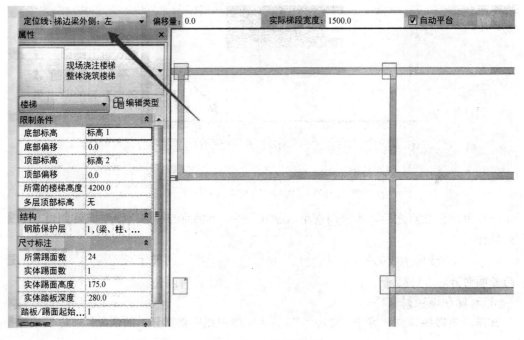

图 3-127　定位线设置

g. 单击④～⑤轴线与Ⓑ～Ⓒ轴之间水平方向的内墙边缘，从左往右水平拖动鼠标，在显示还剩12个踢面的时候，单击墙边缘，如图3-128所示。

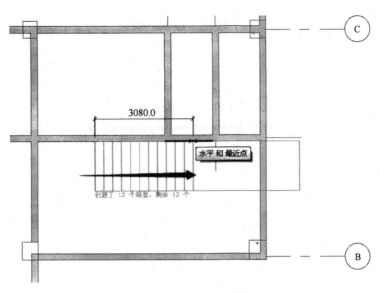

图 3-128　从左往右水平拖动鼠标

h. 在创建一个直梯段之后，光标单击沿着Ⓑ轴的墙边缘与平台相交的位置，如图 3-129 所示。

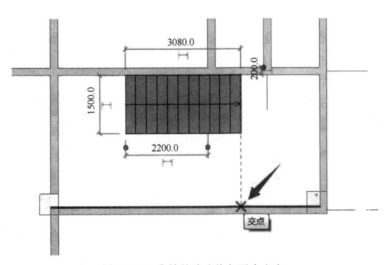

图 3-129　Ⓑ轴的墙边缘与平台交点

i. 单击该交点之后，水平向左单击创建剩余 12 个踢面的墙边缘。

j. 单击楼梯生成的平台，将其宽度修改为"2100"。再使用对齐命令，使平台右边缘与外墙对齐。

k. 保存该项目文件。如图 3-130 所示，选中楼梯，单击"构件 3D"按钮，这样就能直接查看楼梯的三维显示。

自动创建楼梯问题：

① 楼梯段画出来，有时候是不可以自动生成平台的（图 3-131）。

② 编辑楼梯，点击平台，再选中两个楼梯段，就可以自动生成平台了（图 3-132）。

在用草图创建楼梯的时候默认选择的楼梯类型，创建出来的楼梯是没有问题的，如图 3-133所示。

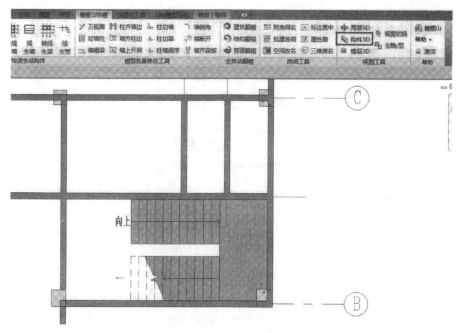

图 3-130　三维视图看楼梯

图 3-131　楼梯段

图 3-132　自动生成平台

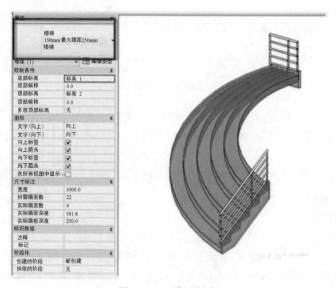

图 3-133　默认创建

创建参数调整问题：但有时候楼梯创建好了，才发现我们需要的楼梯并不是这种，而是"整体浇筑"的，大家就很自然地选择楼梯直接替换成"整体浇筑"类型了，但是替换了之后发现问题来了，怎么调整参数都解决不了问题，如图3-134所示。

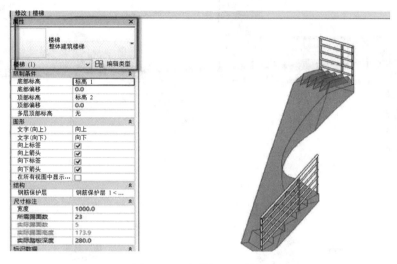

图3-134　参数调整后效果

如何处理？在绘制楼梯草图之前就要先把楼梯的类型选择好，如果还出现这样的问题，可以去修改一下"楼梯踏步梁高度"及"平台斜梁高度"参数，如图3-135所示。

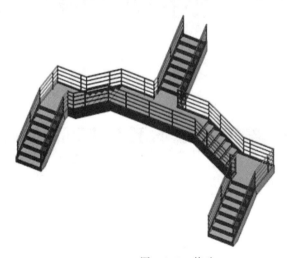

图3-135　修改

① 首先用楼梯命令按"按构建"创建如图3-136所示路径的楼梯。

② 选择左边部分的第一、第二个梯段以及中间的休息平台，镜像到另一边，如图3-137所示。

③ 选择如中间偏下的休息平台，点击"转换"命令，将这个以构建创建的休息平台转为基于草图创建的。

④ 转换成基于草图创建后，再继续点击编辑草图（图3-138）。

⑤ 将休息平台的轮廓编辑成图3-139所示的形状。

⑥ 然后点击完成，再点击完成，一个Y形路径的楼梯就创建好了，如图3-140所示。

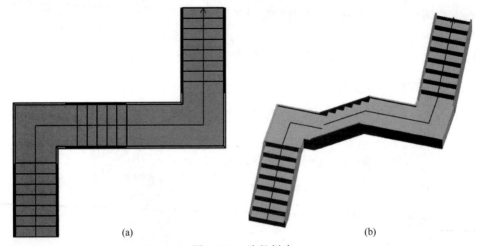

图 3-136　路径创建

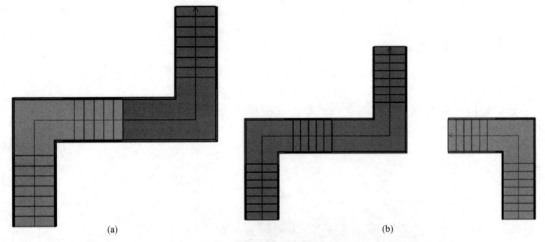

图 3-137　选择

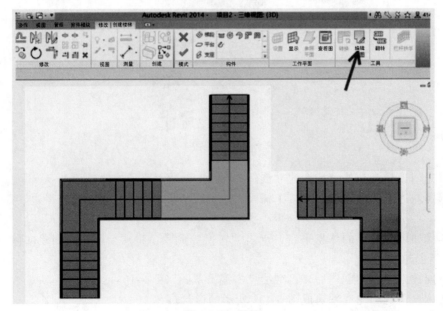

图 3-138　转换

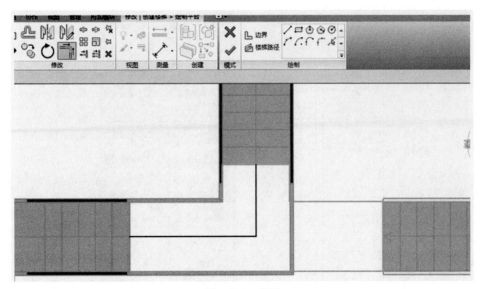

图 3-139　编辑

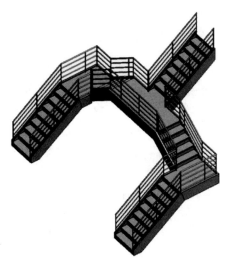

图 3-140　楼梯路径创建完成

（本部分参数调整楼梯创建摘自中国 BIM 培训网）

二、创建扶手

① 点击功能区"其他构件"→"扶手路径"，打开"修改｜创建栏杆扶手路径"上下文选项卡，选择扶手所在平面绘制扶手路径，绘制好后单击"√"，工具扶手就绘制好了（图 3-141）。

② 编辑扶手的功能与编辑楼梯的一致。点击需要修改的扶手，编辑草图进行修改，通过属性可以调整扶手类型和参数（图 3-142）。

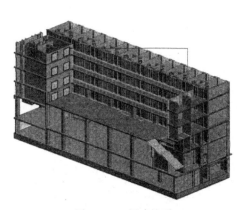

图 3-141　创建扶手

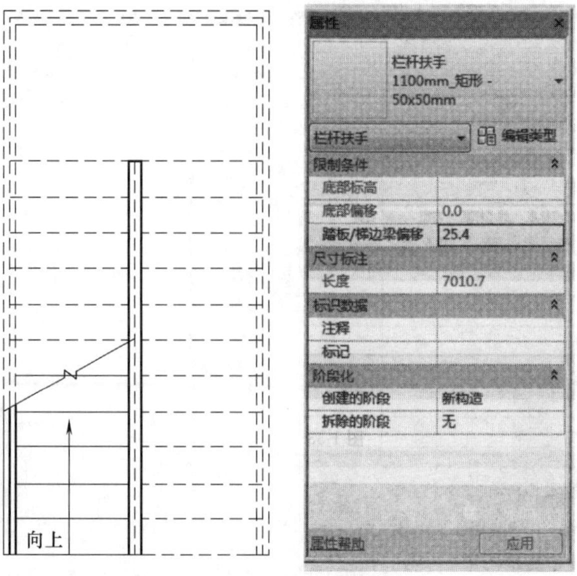

图 3-142　编辑扶手

Revit 创建扶手的步骤如下。

① 单击功能区"建筑"→"栏杆扶手"命令，功能区会显示为"修改|创建栏杆扶手路径"，如图 3-143 所示。

图 3-143　修改 | 创建栏杆扶手路径

② 在编辑扶手的时候，"属性"栏中底部标高如果可以修改表明是基于平面，如果灰显的话是基于主体。

③ 栏杆扶手连接方式在类型属性对话框中进行修改，如图 3-144 所示，主要有斜接和切线连接。斜接是指两段扶手在非垂直相交情况下的连接，而切线连接是共线或相切，是大多数楼梯扶手连接的情况。

④ 在栏杆扶手类型属性中，单击编辑"扶栏结构"，弹出如图 3-145 所示"编辑扶手"对话框，在其中可以添加横向扶栏的个数、高度和材质。

⑤ 栏杆扶手横向扶手是"扶栏结构"设置，竖向栏杆是在"栏杆位置"中设置，单击编辑"栏杆位置"，弹出如图 3-146 所示"编辑栏杆位置"对话框。

例如，某栏杆扶手创建主体步骤如下。

① 打开"创建栏杆扶手"模型，在"项目浏览器"中双击打开 2F 平面图，单击"建筑"→"栏杆扶手"→"放置在主体上"。

② 在"修改|创建主体上的栏杆扶手位置"中单击"踏板"，在"属性"栏中选择栏杆扶手为"900mm 圆管"类型。

③ 在绘图区域中，单击①轴线与Ⓑ～Ⓒ轴线处的楼梯，就能直接生成楼梯两侧扶手。

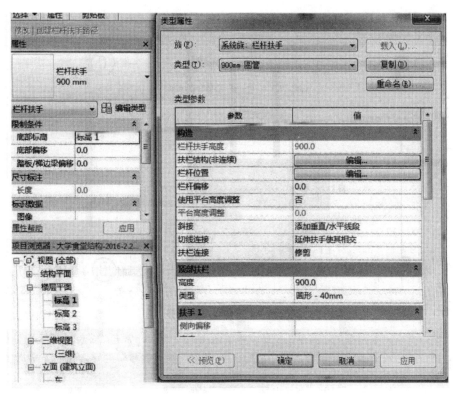

图 3-144　栏杆扶手类型属性

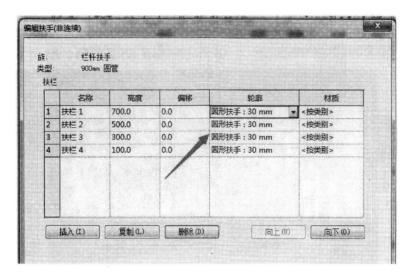

图 3-145　编辑扶手

④ 继续在 2F 平面图中，单击"建筑"→"栏杆扶手"→"绘制路径"。

⑤ 单击"修改｜创建栏杆扶手路径"→"拾取线"。

⑥ 在绘图区域中，单击①轴线与Ⓑ~Ⓒ轴线处的 2F 层楼板左边和上边的两个边界，并向内偏移"25mm"。单击修改栏中的对勾完成编辑。在三维视图中的显示如图 3-147 所示，并保存该项目文件。

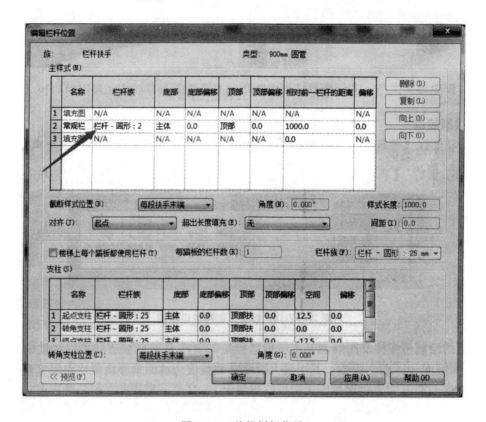

图 3-146　编辑栏杆位置

图 3-147　三维视图扶手显示

第七节　BIM 坡道

① 点击功能区"其他构件"→"绘制坡道"，创建入口坡道时，需要提前用模型线或详图

线绘制出坡道路基线。

② 可以在弹出的"创建坡道"对话框（图 3-148）界面集中设定坡道的相关参数，主要包括底板类型选择、坡道标高和宽度的设置、是否对坡道进行过渡平滑处理以及过渡半径的设定和坡道方向的反转等，通过窗口的实时预览功能可以实时呈现坡道的创建状态，这样就能快速完成坡道的创建。

③ 通过"绘制坡道"功能创建完成的坡道的三维效果见图 3-149。

④ 点击功能区"其他构件"→"坡道展开图"，选择需要绘制展开图的坡道，点击完成打开"视图选择"对话框，再次点击确定打开"绘制展开图"对话框，选择标注内容和方向，在图面上点击放置展开图。

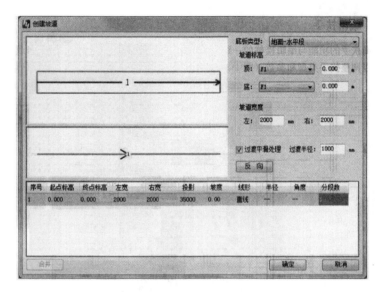

图 3-148　创建坡道

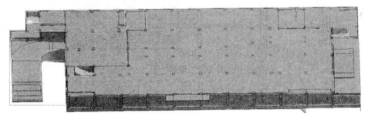

图 3-149　创建坡道后的模型图

某坡道创建图如图 3-150 所示。

Revit 快速设置坡道，使其尾高和楼板一样厚：一般在绘制楼板的时候，系统是按照楼板的上边缘来定位的，所以绘制坡道的时候我们会以楼板为基准，让坡道进行底部偏移，此处，举例的楼板厚度为 300mm，如图 3-151 所示。

在楼板边缘处绘制坡道的时候，楼板和坡道的高度不一致，这时候我们需要进行几步操作就可以控制，如图 3-152 所示。

确定好绘制坡道的长度，此处的长度为 5600mm，如图 3-153 所示。

确定楼板的板厚，这里的楼板厚度为 300mm。对坡道进行如图 3-154 所示的坡道厚度设置。

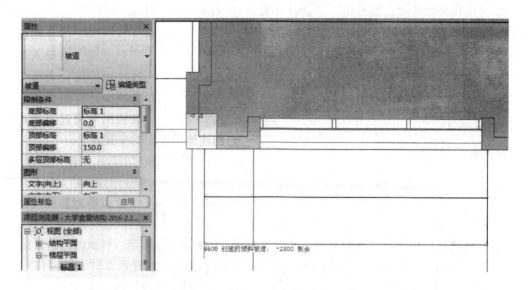

图 3-150　坡道草图

图 3-151　坡道偏移设置

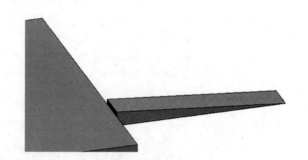

图 3-152　边缘绘制

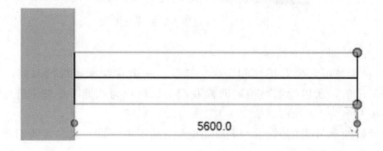

图 3-153　坡道长度确定

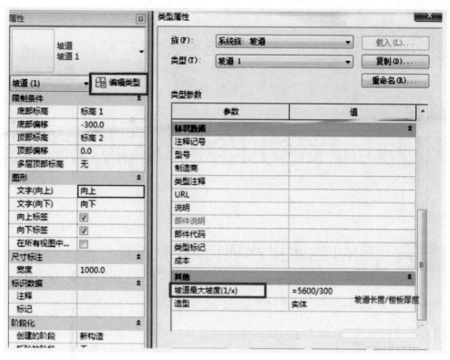

图 3-154　坡道厚度设置

确定之后就可以控制高度了，如图 3-155 所示。

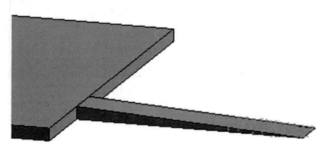

图 3-155　坡道高度控制

第四章

BIM工程项目给水排水及消防系统设计

第一节 BIM 给水排水项目系统创建

一、给水排水项目设计文件建立及视图创建

① 点击"应用程序菜单"按钮→"新建"→"项目",打开"新建项目"对话框(图 4-1),点击"浏览"。

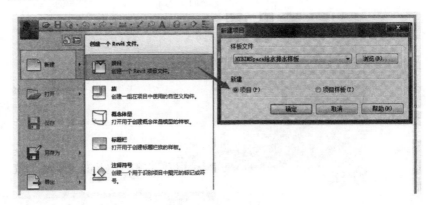

图 4-1 新建给水排水项目

② 在项目信息设置后,将建筑模型链接到项目文件中。

③ 点击功能区中的"插入"→"链接 Revit",打开"导入/链接 RVT"对话框,选择要链接的建筑模型,并在"定位"一栏中选择"自动原点到原点",点击右下角的"打开"按钮,建筑模型就链接到了项目文件中。

④ 完成链接后,项目中存在两类标高,一类是链接的建筑模型标高,另一类是项目自带的标高。在项目浏览器的"视图(-给水排水)"下的所有楼层平面是和项目自带的标高相关的,但项目需要的是链接建筑模型中的标高,可以通过复制监视的方法实现链接。

⑤ 删除项目中自带的标高,在删除时会出现一个警告对话框(图 4-2),提示各视图将被删除,点击"确定"即可。

⑥ 点击功能区中的"协作"→"复制/监视"→"选择链接"(图 4-3)。

⑦ 在绘图区域中点击链接模型,激活"复制/监视"选项卡,点击"复制"激活"复制/监视"选项栏(图 4-4)。

图 4-2　删除样板中自带的标高

图 4-3　选择链接

图 4-4　复制/监视

⑧ 勾选"复制/监视"选项栏中的"多个",然后在立面视图中框选所有标高,点击选项栏中的"过滤器"按钮,仅勾选"标高",点击"确定"后,在选项栏中点击"完成",再点击选项栏中的"完成"按钮,完成复制。

⑨ 这样既创建了链接模型标高的副本,又在 MEP 项目的复制标高和链接模型的原始标高之间建立了监视关系。如果所链接的建筑模型中的标高有变更,打开 MEP 项目文件时就会显示变更警告。

⑩ 复制标高后,点击功能区中的"视图"→"平面视图"→"楼层平面",打开"新建楼层平面"对话框。

在列表中选择一个或多个标高,然后点击"确定"。平面视图名称将显示在项目浏览器中(图 4-5)。其他类型的平面视图的创建方法和上述类似。

为了和模板中的视图名称保持一致,所以修改刚才创建好的平面视图名称为"建模-×层给水排水平面图",例如某项目以地下一层和首层为例,修改视图名称为"建模-地下一层给水排水平面图"和"建模-首层给水排水平面图"。同时修改楼层平面属性"视图分类-父"为"01 给水排水","视图分类-子"为"01 建模"(图 4-6)。带有"建模"两个字的视图主要是作为建模时候的平面视图,再用"复制视图"命令的"带细节复制"复制上述地下一层和首层两个视图，修改其名称为"出图-地下一层给水排水平面图"和"出图-首层给水排水平面图"，作为出图的平面视图，可以在其中标注出图所需的各种注释信息。

根据上述方法创建消防和热水相关的平面视图。

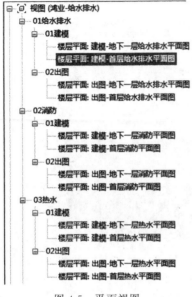

图 4-5　平面视图

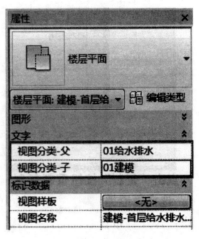

图 4-6　视图分类

图 4-7　管道类型属性

二、给水排水管道系统创建

① 点击功能区"给水排水"→"绘制管道"，在"管道类型"中选择"UPVC-粘接"，点击"编辑类型"，打开"类型属性"对话框（图 4-7）。

② 点击"复制"按钮重新复制一个管道类型，并修改其名称为"污水系统-UPVC-粘接"。

③ 选择管道类型为"污水系统-UPVC-粘接"，点击"布管系统配置"后面的"编辑"按钮，打开"布管系统配置"对话框。可修改管道的管段类型和各种管件类型，点击两次"确定"按钮，完成管道类型的设置。

④ 在管道绘制之前，还需要对管道系统进行创建。在给水排水样板中，已经创建了一些设计中经常使用的管道系统，如果这些类型不能满足使用需求，可以通过"项目浏览器"→"族"→"管道系统"（图 4-8），在管道系统中复制其中的一种重命名，调整管道类型（图 4-9）和管件配置（图 4-10）即可完成。

图 4-8　管道系统

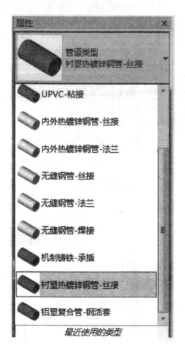

图 4-9　管道类型

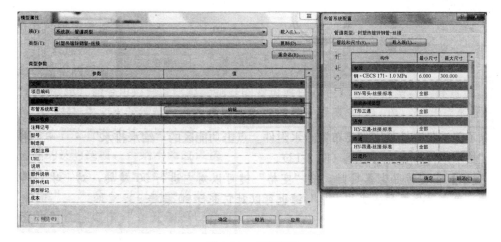

图 4-10　管件配置

⑤ 点击功能区的"给水排水"→"卫浴",打开"卫浴装置"对话框,在该对话框中包含了大便器、小便器、脸盆和地漏等卫浴装置。

⑥ 点击"大便器"图标后,在"卫浴名称"列表中有不同类型的大便器可供选择,在右边的"卫浴参数"列表中显示的是该族的规格。

⑦ 同时在放置卫浴装置的时候,可以设置其"相对标高"和"旋转角度"。

⑧ 在勾选"旋转角度"后,在其后面点击图标,在视图中选择两点来确定旋转的角度。布置方式有"单个布置"和"沿线布置"两种,"沿线布置"方式可以捕捉到详图线和模型线。在"沿线布置"方式中有"限定个数"和"限定间距"两种(图 4-11),可根据实际情况选择布置方式。

图 4-11　卫浴布置

⑨ 除了卫浴装置外，还需要布置给水附件。点击功能区的"给水排水"→"给水附件"，打开"给水附件布置"对话框（图 4-12）。

⑩ 在旋转卫生器具时，按"空格"键可以对它进行 90°旋转，对已经旋转的卫生器具，单击卫生器具，按"空格"键也可以对它进行 90°旋转。

⑪ 点击功能区的"给水排水"→"绘制横管"和"绘制管道"，可以绘制横管，点击"绘制横管"命令，打开"绘制横管"对话框，可以设置管道类型、系统类型和公称直径等参数。

⑫ 点击功能区的"给水排水"→"创建立管"，打开"绘制水管立管"命令，同"绘制横管"命令一样，可以设置管道类型、系统类型、公称直径和顶底标高。当不勾选"参照标高"时，则自动变为"绝对标高"，点击"绘制"，在视图中选取一点，则在此处绘制一段立管。

⑬ 当绘制好一段立管和横管后，可使用"横立连接"功能，把两根管道连接起来。能够实现这个效果的还有"自动连接"功能，"自动连接"的功能比较全面，它能将框选中的任何断开的管道连接起来。

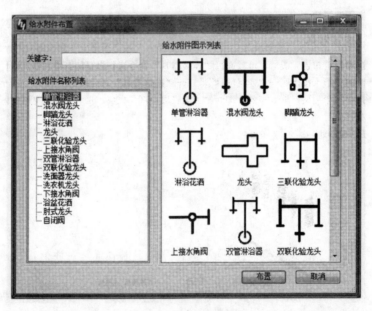

图 4-12　给水附件布置

⑭"坡度管连接"命令可以根据一定的规则将两根具有坡度的管道连接起来；"排水倒角"命令是将两根管道用两个 45°弯头和一根小短管进行连接（图 4-13）。

⑮"水管编辑"命令可以修改已经绘制好的管道属性，包括系统类型、公称直径、参照标高等信息。点击"水管编辑"命令，在视图中框选一根或多根管道，打开"水管编辑"对

话框，当修改管道的某个属性时，需要勾选其前面的选项，否则不修改该选项，点击"修改"，则提示修改成功。

⑯"立管编辑"命令可以用来修改立管管道的属性。点击"立管编辑"命令，在视图中选取一段立管，打开"立管参数修改"对话框，该命令可以自动读取该管道现有的信息，可以在此基础上修改立管的属性。

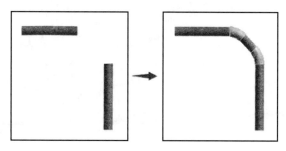

图 4-13　"排水倒角"命令

三、连接器具及阀件设置

① 管道和器具布置完成后，可以通过"连接器具"命令进行批量的管道和器具连接：点击功能区的"给水排水"→"连接器具"，打开"连接器具"对话框。

② 选择存水弯类型，框选需要连接的设备与管段，即可完成连接。该功能可自动区分给水和排水管道与器具的接入点。

③ 连接示例见图4-14。

④ 点击功能区的"水系统"→"水管阀件"，打开"水阀布置"对话框（图4-15），可以在管道上进行阀件的布置。

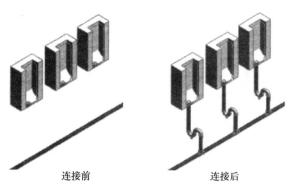

连接前　　　　　连接后

图 4-14　连接器具

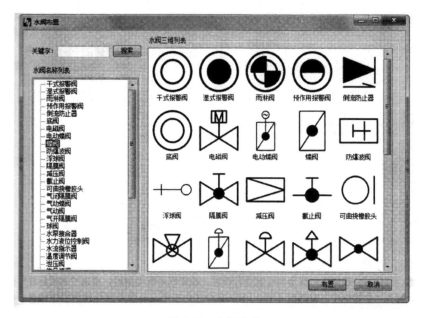

图 4-15　水阀布置

⑤ 可通过名称列表、三维列表及关键字搜索来查找相应水阀。点击"布置"按钮，在视图中布置相应水阀。

⑥ 管道上布置阀件后的截图如图 4-16 所示。

图 4-16　布置阀件

四、Revit 给水及排水管道创建示例

1. 给水管道

① 在属性栏中选择"PP-R 管"，参照标高选择"1F"，系统类型选择"市政给水"，如图 4-17所示。

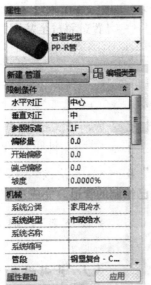

图 4-17　给水管道系统选择

② 在"坡度选择"中选择禁止坡度，在对正选择中"垂直对正"选择"中"。

③ 选择"直径"为 30mm，"偏移量"选择 500mm。按照 CAD 底图的路径绘制给水管道，如图 4-18 所示。

④ 如图 4-19 所示加粗方框中的圆，管道的高度不一致，需要有立管将 2 根标高不同的管道连接起来。

⑤ 单击管道工具，或快捷键 PL，在平面视图中输入管道的管径、标高值，绘制一段管道，然后输入变高程后的标高值。继续绘制管道，在变高程的地方就会自动生成一段管道的立管，进入三位视图中查看建模效果，如图 4-20 所示。

⑥ 管道弯头的绘制。在绘制的状态下，在弯头处直接改变方向，在改变方向的地方会自动生成弯头，如图 4-21 所示。

⑦ 管道三通的绘制。单击"管道"工具，输入管径与标高值，绘制主管，再输入支管的管径与标高值，把鼠标移动到主管的合适位置的中心处，单击"确认"支管的起点，再次单击"确认"支管的终点，在主管与支管的连接处会自动生成三通。先在支管终点单击，再拖拽光标至与之交叉的管道的中心线处，单击鼠标左键也可生成三通，如图 4-22 所示。

⑧ 当相交叉的两根水管的标高不同时，按照上述方法绘制三通会自动生成一段立管，如图 4-23 所示。

⑨ 管道四通的绘制。

a. 绘制完三通后，选择三通，单击三通处的加号，三通会变成四通，然后，单击"管道"工具，移动鼠标到四通连接处，出现捕捉的时候，单击确认起点，再单击确认终点，即可完成管道绘制。点击减号可以将四通转换为三通，如图 4-24 所示。

弯头也可以通过相似的操作变成三通，如图 4-25 所示。

b. 先绘制一根水管，再绘制与之相交叉的另一根水管，2 根水管的标高一致，第二根水管横贯第一根水管，可以自动生成四通，如图 4-26 所示。

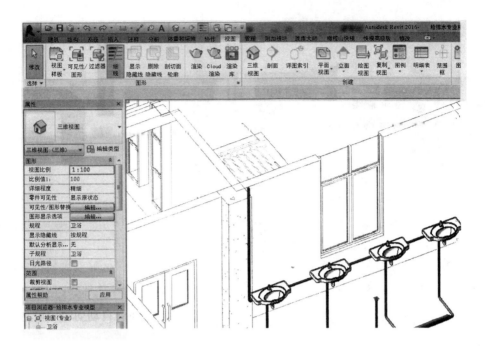

图 4-18　绘制给水管道

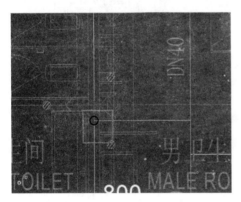

图 4-19　水管立管

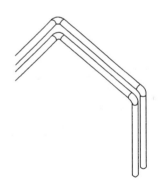

图 4-20　生成立管

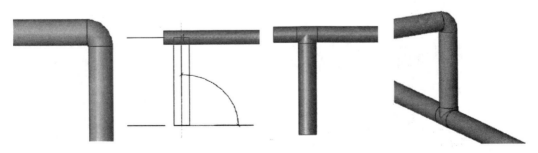

图 4-21　弯头绘制　　　　　　图 4-22　三通绘制　　　　　　图 4-23　管道交叉连接

图 4-24　四通绘制　　　　图 4-25　弯头生成三通　　　　图 4-26　生成四通

⑩ 添加水平水管上的阀门：单击"系统"选项卡→"卫浴和管道"面板→"管路附件"命令，或键入快捷键 PA，软件自动弹出"放置管路附件"上下文选项卡。

⑪ 单击"属性栏"最上面的下拉按钮，选择需要的阀门。把鼠标移动到风管中心线处，捕捉到中心线时（中心线高亮显示），单击完成阀门的添加，如图 4-27 所示。

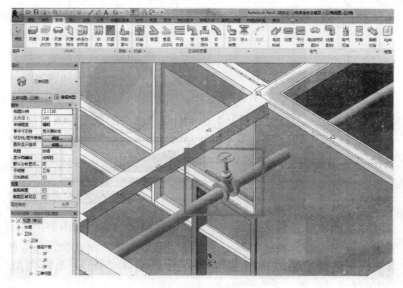

图 4-27　添加阀门

2. 排水管道

① 单击"插入"命令栏→"链接 CAD"进行 CAD 底图的链接，如图 4-28 所示。选择练习文件里面第 3 章文件夹下"参照底图"下的"一层给排水平面.dwg"文件，颜色控制选

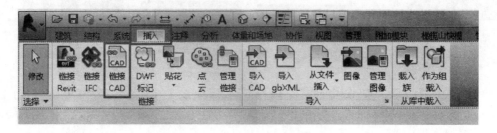

图 4-28　链接 CAD

项可以选择"保留",也可选择"黑白",一般选择"保留"较好,导入单位选择"毫米",如图 4-29 所示。

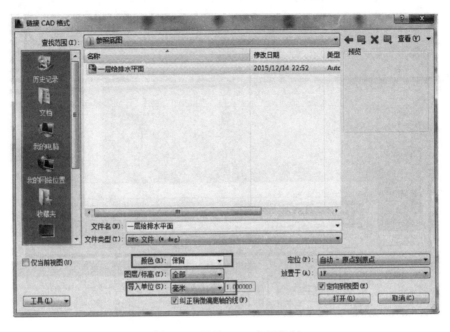

图 4-29   链接 CAD 底图控制

② 链接 CAD 底图后,把 CAD 底图移动至正确位置(与 Revit 轴网重合),然后锁定,如图 4-30、图 4-31 所示。

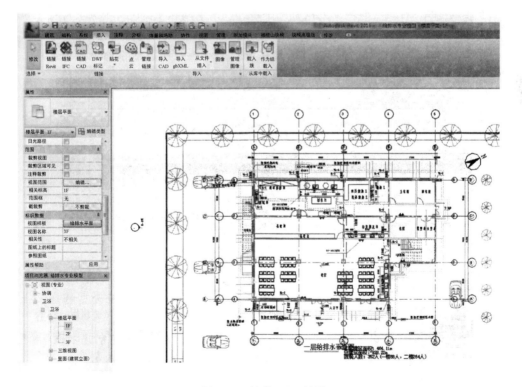

图 4-30   链接 CAD 效果

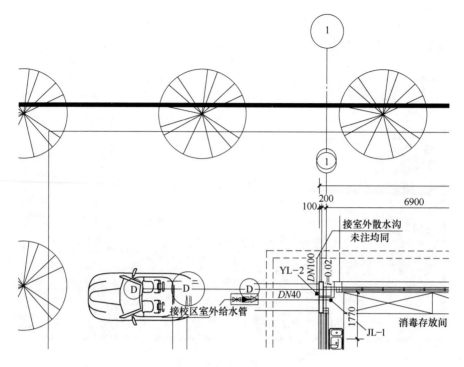

图 4-31　移动至正确位置

③ 单击"系统"命令栏→"卫浴与管道"选项卡→"卫浴装置",如图 4-32 所示,在属性面板选择洗手台。若属性面板上方设有洗手台族,请手动从 Revit 自带族文件夹(默认位置为"C:\ProgramData\Autodesk\RVT2016\Libraries")下面的子文件夹中搜索"＊盆.rfa",或者启动橄榄山快模软件里面"橄榄山快模"→"族管家"搜索面盆族来使用,再移动洗手台至正确位置,如图 4-33 所示。

图 4-32　绘制洗手台

④ 单击"系统"命令栏→"卫浴与管道"选项卡→"管道",如图 4-34 所示。

⑤ 在属性栏中选择"PVC 管道类型",参照标高选择"1F",系统类型选择"排水",如图 4-35 所示。

⑥ 在"修改｜放置管道"选项卡中选择"自动连接",坡度选择"向上坡度","坡度值"选择 2.6%,如图 4-36 所示。

⑦ 在对正选择中"垂直对正"选择"底",如图 4-37 所示。

⑧ 选择"直径"为 200mm,"偏移量"选择－1200mm,如图 4-38 所示。

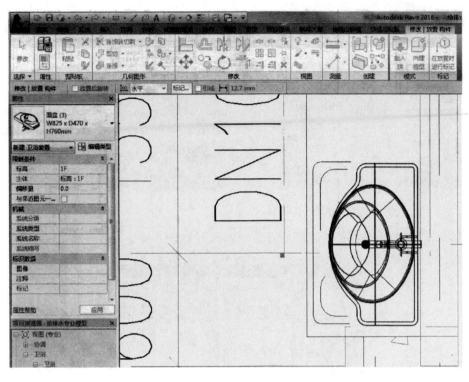

图 4-33 布置洗手台

图 4-34 绘制管道

图 4-35 管道类型选择

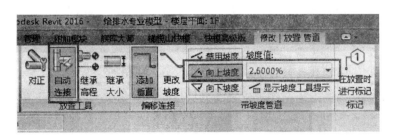

图 4-36 坡度选择

图 4-37　对正管道

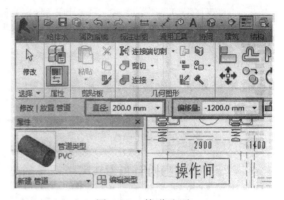

图 4-38　管道选项

⑨ 按照 CAD 底图的路径绘制排水管道，如图 4-39 所示。

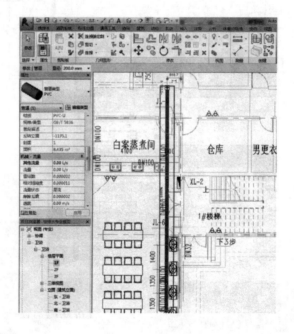

图 4-39　绘制排水管道

⑩ 设备的管道连接件可以连接管道和软管。连接管道和软管的方法类似，本节以浴盆管道连接件连接管道为例，介绍设备接管的三种方法。

⑪ 单击"系统"命令栏→"卫浴与管道"选项卡→"卫浴装置"，在属性面板选择浴盆。若属性面板上方没有浴盆族，请手动从 Revit 自带族文件夹（默认位置为"C：\ Program-Data \ Autodesk \ RVT2016 \ Libraries"）下面的子文件夹中搜索"＊盆 .rfa"，并加载，或者启动橄榄山快模软件里面"橄榄山快模"→"族管家"搜索浴盆，如图 4-40 所示，找到后点击"创建实例"按钮在项目中来创建。放置浴盆至目标位置。

方法一。单击浴盆，右击其冷水管道连接件，单击快捷菜单中的"绘制管道"，从连接件绘制管道时，按"空格"键，可自动根据连接件的尺寸和高程调整绘制管道的尺寸和高程，如图 4-41 所示。

方法二。先绘制横向管道和竖向管道。接下来直接拖动已绘制的管道到相应的浴盆管道

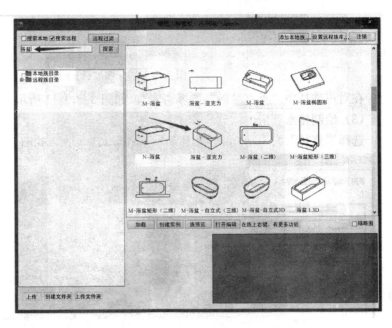

图 4-40　插入浴盆

连接件，管道将自动捕捉浴盆上的管道连接件，完成连接。

方法三。先绘制如方法二中的管道，然后选中浴盆，单击上下文选项卡中的"连接到"功能为浴盆连接管道，如图 4-42 所示。在弹出的对话框上选择冷水连接件，单击已绘制的管道，完成连管。

使用上面的管道连接操作方法，连接脸盆的排水管与排水管道，完成排水管道的绘制。

五、BIM 在某医院给排水工程设计中的应用

1. BIM 协同化工作的优势

协同化工作，包括设计时的能量分析、碰撞检查、成本计算；施工时的进度跟踪、现场安全；使用时的运营管理、维修管理；以及建筑使用后的翻新、改造、拆除等。如此，BIM 能够有效地综合所有建设项目所涉及的部门，为建设项目的每个过程提供精准化服务。

而在 BIM 技术协同工作中存在一个共享平台，即信息模型。各个专业设计人员可同时对此信息模型进行设

图 4-41　连接设备

计，将各自所需要的设备构件、管道信息设置于模型中并赋予参数，各专业的设计人员即可在第一时间了解其他专业的设备参数、设计进度、交叉碰撞情况。

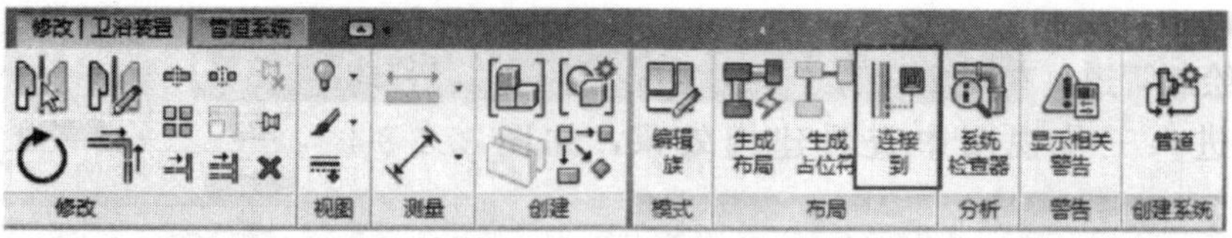

图 4-42　设备管道连接

2. BIM 三维可视化的应用

BIM 的三维视图和可视化是不能分割的，三维视图的出现就是为了通过视觉效果，从不同的角度认识、了解建筑。

在 BIM 的三维视图中，软件不再是一种画图的工具，更是一种设计的手段，基于 BIM 的三维可视化特点，设计人员的设计构思能够得到实时性呈现，不再局限于通过平面图、立面图、剖面图的想象。

BIM 的三维视图不仅能够实时呈现设计构思，同时还允许设计人员任意角度观察、绘制及修改模型，使整个设计过程变得鲜活流畅（图 4-43）。

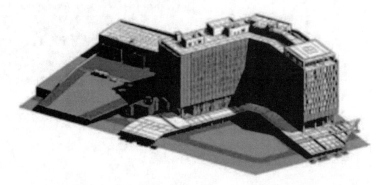

图 4-43　BIM 技术设计的××中心的外部效果图

漫游功能能够模拟设计人员亲临建筑内部，通过内部的视觉效果了解拟建建筑物的功能性、合理性、安全性及舒适度等问题。通过漫游功能模拟的内部走廊中管道布置状况、管道高度、消火栓位置、墙体、门窗材质、颜色等，使得整个拟建建筑的内部设计都尽收眼底。

在运用 BIM 技术进行设计时，所有的设备构件都与实际的尺寸一致，在设计时，就能够合理地布置设备，确定管道走向、管径大小、管道材质及管道连接方式等。

以排水管道为例，图 4-44 为医院诊室内洗手盆排水管道的局部剖面图，与洗手盆连接的排水立管管径为 $d75\text{mm}$，排水横干管管径为 $d100\text{mm}$，排水坡度为 1.2%，排水横干管在梁下敷设，所有设计效果均能准确呈现。

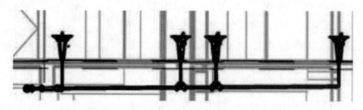

图 4-44　BIM 技术设计的排水管道局部剖面图

而在运用 BIM 进行给水排水设计时，设计人员可利用多窗口、多角度、多剖面进行同时观察、同时设计；并且在任一窗口进行的设计修改，结果都会实时反馈到其他窗口，这对于空间管线布置及设备连接有很大帮助，也避免了人为疏忽造成的错误或遗漏。

同时 BIM 能够自动生成系统图（即三维视图），保证了系统图与平面图的完全一致，不仅减少了烦琐的工作量，更减少了错误的出现。如图 4-45、图 4-46 所示分别为利用 BIM 的可视化功能对平面、剖面、三维视图同时设计的卫生间给水排水放大图及三维病房放大图。

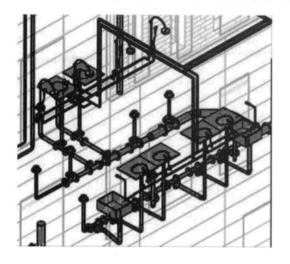
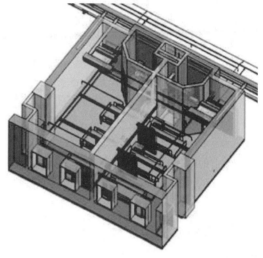

图 4-45　BIM 技术绘制卫生间给水排水放大图　　　　图 4-46　BIM 技术绘制的三维病房放大图

3. BIM 管道综合的应用

在建筑设计中，尤其是遇到体量庞大复杂的工程时，各个专业的设计难度也将成倍增加。在二维的设计工作中，管道综合通常是通过简单的图纸叠加来实现，难以全面分析管道的交叉情况，无法直观地看出管道的纵向布置。因此管线之间或管线与结构构件之间常常发生碰撞，造成返工或浪费，给施工带来麻烦，影响室内净高，甚至引发安全隐患。

BIM 技术就可以解决这些问题，全专业的真实尺寸建模技术能够准确定位管道高度，全面检查管线碰撞，通过平面图、剖面图、轴测图、3D 模型以及动画漫游，将所有拟建构思完整呈现。

图 4-47 为管道经碰撞检查前后对比图，图 4-48 为设备层局部管道三维图。从图中我们能够看出，虽然整个工程的管道量非常大，但是通过不同的颜色区分出了不同专业和系统的管道，管道在建筑中的排列是井然有序的，为日后的施工和运营管理提供了更便利的条件。

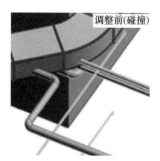

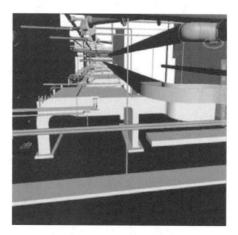

图 4-47　管道经碰撞检查前后对比图　　　　　　　图 4-48　设备层局部管道三维图

4. BIM 在给排水设计上的缺陷

① 缺少符合中国建筑设计标准的构件，族库不够完善。

② 生成二维图纸功能较弱，需二次深化。

③ BIM 希望其内在的参数能够涵盖设计、概预算、施工、物业管理等整个环节。但过多的参数造成分级分类方式过多，修改较为复杂，并且有许多冗余信息。

④ BIM 协同设计有两种模式，即工作集和链接模式。链接模式下管道综合时调整管道较麻烦，工作集方式中权限的获得与释放较为烦琐。

⑤ 缺少符合中国建设标准的市政工程常用的管道、管件类型、机械设备族库。

⑥ 数据流通的问题，其与各种分析软件的接口还不够完善。

⑦ 进行管道计算、系统计算前，管道与器具、管道与设备必须建立逻辑连接和物理连接，有时候一处管道没连好，可能造成整个系统无法计算。

⑧ 目前 BIM 设计还没有形成统一的满足施工要求的设计标准。

⑨ 在项目中建成的单体构筑物二次利用难度较高，不仅不能在项目中设置变量，而且现有的模型复制和移动时经常出现管路连接断开、不能随意移动等问题。

第二节　BIM 消防设计

图 4-49　布置消火栓

一、消火栓设置

① 点击功能区的"消防系统"→"布置"，打开"布置消火栓"对话框，如图 4-49 所示。

② 点击上方图片，打开"选择消火栓"对话框，在该对话框中可选择消火栓类型。

③ 在参数设置一栏，可自定义相对标高（相对于该机械平面的标高）和保护半径。

④ 点击"布置"按钮，选择位置进行消火栓的布置。

⑤ 点击功能区的"消防系统"→"连接"，打开"选择消火栓的进水口"对话框。

⑥ 选择连接方式，单击确定，框选需要连接的消火栓和水管即可。需要注意的是连接时它们的系统类型必须是相同的（图 4-50）。

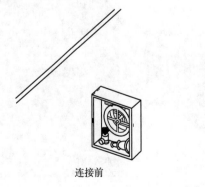
连接前

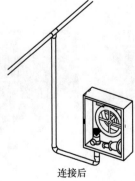
连接后

图 4-50　消火栓连接

二、喷头布置

① 布置喷头功能可对各种喷头进行布置。

② 点击功能区的"消防系统"→"布置喷头"，打开"布置喷头"对话框。

③ 选择喷头类型，选择一个喷头族，右上方可以预览。修改喷头参数，设置相对标高、喷淋半径、K 系数及是否绘制范围检查线。

④ 选择布置选项。

a. 单个布置：可以在平面视图中进行任意布置。

b. 辅助线交点布置：进入布置命令以后，框选网格后自动在网格的交点处布置喷头（支持弧形网格）。

c. 区域布置：区域布置喷头界面见图 4-51。区域布置又分为沿线布置和居中布置。

Ⅰ. 沿线布置（支持弧线）：沿线布置分为限定个数和限定间距两种。进入布置命令以后，选择直线或弧线，以鼠标单击点近端为起始点进行布置。沿线布置效果见图4-52。

Ⅱ. 居中布置：居中布置分为按间距布置、按行列布置。按间距布置需要设置行间距和列间距。按行列布置需要设置行数、列数及四边边距。按行列进行布置，布置界面见图4-53。进入布置命令以后，点击矩形的两个对角点，即可完成布置。居中布置效果见图4-54。矩形布置功能可对各种喷头进行矩形布置。

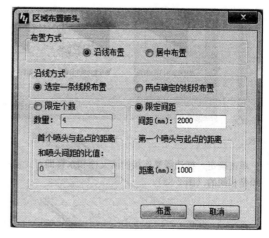

图 4-51　区域布置喷头

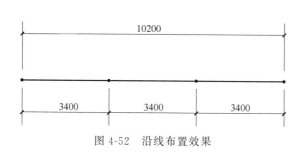

图 4-52　沿线布置效果

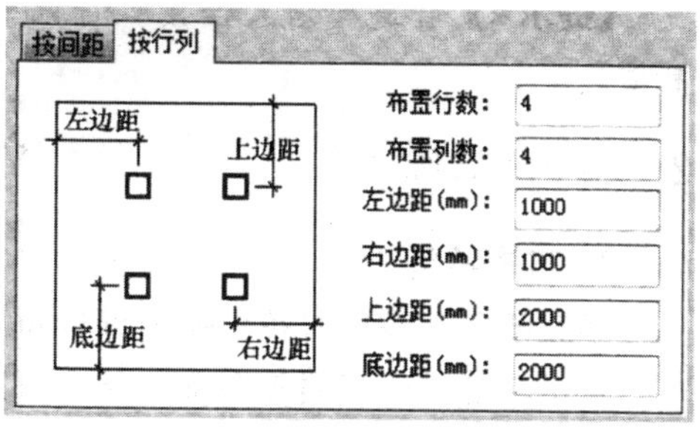

图 4-53　按行列布置

ⅰ. 点击功能区的"消防系统"→"矩形布置"，打开"矩形布置"对话框。

ⅱ. 在对话框中选择喷头类型，点击图片预览选择一个喷头族。在对话框中部设定布置参数。

ⅲ. 设定喷头类型、相对标高、喷淋半径、K 系数、喷头间距取整数倍数值及是否绘制范围检查线。

ⅳ. 矩形布置分为矩形布置和菱形布置两种形式。

ⅴ. 进入布置命令以后，点击矩形的两个对角点，即可完成布置。

矩形布置效果见图4-55。

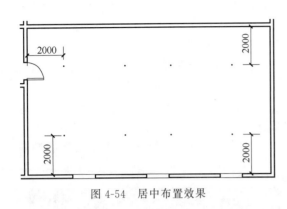

图 4-54　居中布置效果

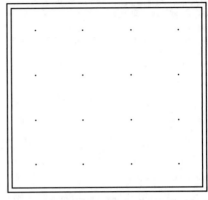

图 4-55　矩形布置效果

三、喷头连接

① 可实现多个喷头根据与管道间位置自动选择连接方式进行接管。

② 点击功能区的"消防系统"→"连接喷头"，框选喷头与管线，打开"喷头连接设置"对话框，见图 4-56。

③ 可选择喷头与管线的连接方式。

④ 选择右图方式，可设定喷头与支管的高差来生成相应的自喷系统。

⑤ 两种喷头与管道连接的方式见图 4-57。

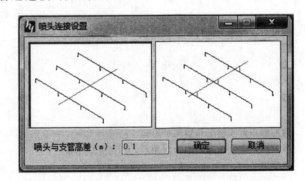

图 4-56　喷头连接设置

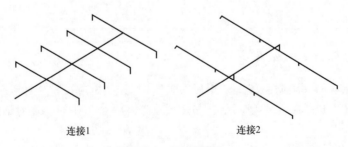

连接1　　　　　　　　　　连接2

图 4-57　连接喷头

四、管道标注

管道标注见表 4-1。

表 4-1　管道标注

类别	内容
水管标注	水管标注功能主要是对水管的管径或类型进行标注。 点击功能区的"标注出图"→"水管标注",打开"水管标注"对话框: ①选择标注内容、标注方式(如果是自动标注,则设置标注间距)、标注位置及其他设置,可在下方预览标注结果。 ②选择要标注的水管,完成标注,几种标注方式的效果见图 4-58
立管标注	立管标注是对水管立管的缩写及唯一标记进行标注。 点击功能区的"标注出图"→"立管标注",选择要标注的立管,然后再点击要标记的位置,而后完成标注。标注结果见图 4-59
立管批量标注	立管批量标注功能主要提供了批量性的立管标注。 点击功能区的"标注出图"→"立管批量标注",框选需要标注的立管,自动进行标注。标注结果参考"立管标注"
水阀标注	对水管阀件进行标注,标注的内容为水管阀件的名称和尺寸。 点击功能区的"标注出图"→"水阀标注",选择要标注的阀件和标注的位置,然后完成标注。标注结果见图 4-60

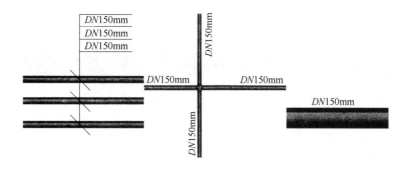

图 4-58　水管标注方式

图 4-59　立管标注

图 4-60　水阀标注

消火栓创建效果如图 4-61 所示。

五、Revit 消火栓系统创建示例

① 单击"系统"命令栏→"机械"选项卡→"机械设备",在属性面板选择消火栓。若属性面板上方设有消火栓族,手动从 Revit 自带族文件夹(默认位置为"C：\ Program-Data \ Autodesk \ RVT2016 \ Libraries")下面的子文件夹中搜索"消火栓 . rfa",或者启动橄榄山快模软件里面"橄榄山快模"→"族管家"搜索消火栓来使用,再移动消火栓至正确位置,如图 4-62 所示。

② 选择消火栓并导入模型中,调整到精确位置,如图 4-63、图 4-64 所示。

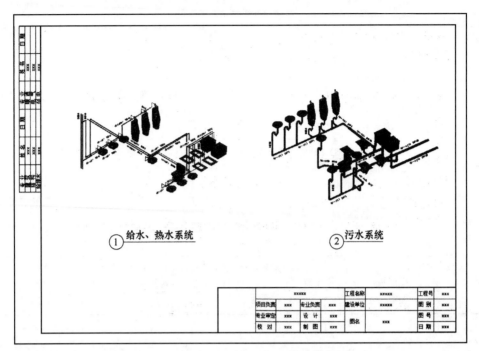

图 4-61　自动成图后的消火栓模型图

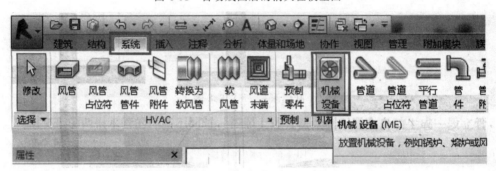

图 4-62　插入消火栓

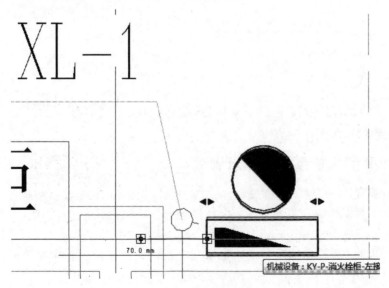

图 4-63　消火栓平面图

图 4-64　消火栓效果

③ 在属性栏中选择"热镀锌钢管"，参照标高选择"1F"，系统类型选择"消火栓"，在"坡度选择"选择"禁止坡度"，在对正选择中"垂直对正"选择"中"，选择"直径"为 80mm，"偏移量"选择 3900mm，如图 4-65 所示。

④ 按照 CAD 底图的路径绘制消火栓管道，如图 4-66 所示。

⑤ 当同一标高水管间发生碰撞时，如图 4-67 所示，应按照以下步骤进行修改。

a. 在"修改｜管道"上下文选项卡下，"编辑"面板中，单击"拆分"工具，或使用快捷键 SL，在发生碰撞的管道两侧单击。

b. 选择中间的管道，按"Delete"，删除该管道。

c. 单击"管道"工具，或使用快捷键 PL，把鼠标移动到管道缺口处，出现捕捉时，单击，输入修改后的标高，然后移动到另一个管道缺口处，出现捕捉时，单击即可完成管道碰撞的修改，如图 4-68 所示。

修改水管系统与其他专业间的碰撞：水管与其他专业的碰撞修改要依据一定的修改原则，主要有以下原则。

a. 电线桥架等管线在最上面，风管在中间，水管在最下方。

b. 满足所有管线、设备的净空高度的要求：管道高距离梁底部 200mm。

c. 在满足设计要求、美观要求的前提下尽可能节约空间。

d. 当重力管道与其他类型的管道发生碰撞时，应修改、调整其他类型的管道：将管道

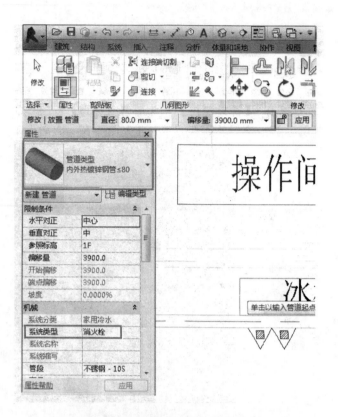

图 4-65　消火栓管道设置

图 4-66　绘制消火栓管道

偏移 200mm。

　　e. 其他优化管线的原则参考各个专业的设计规范。

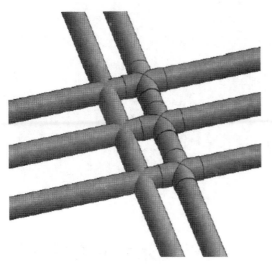

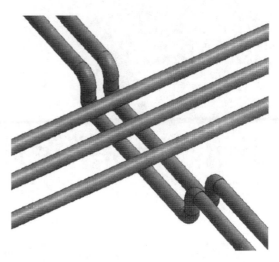

图 4-67　管道交叉　　　　　　　　　　图 4-68　管道修改

第五章

BIM暖通系统设计

第一节 **BIM 采暖系统设计（以 BIMSpace 为平台）**

BIMSpace 提供采暖系统建模过程中散热器的布置功能；能够快速实现散热器与管道的批量连接；提供常用的水管标注样式和散热器片数标注。

一、采暖系统设置主要流程

基本设置→管道绘制及调整→散热器布置及连接→生成材料表→管道标注。

二、采暖系统基本设置

双击视图平面"02 采暖"→"01 建模"→"楼层平面：建模-地下一层采暖平面图"，点击"采暖系统"→"系统设置"，可对系统类型信息进行修改。

三、管道绘制及调整

① 单击功能区的"水系统"→"管道"，激活"修改｜放置管道"选项卡和选项栏，设置水管管径和偏移量，同时还可以在属性选项板中对水管进行设置，选择相应的水管系统类型，见图 5-1。

② 在平面上绘制立管，单击功能区的"水系统"→"立管"，根据系统提示选择源水管，激活"绘制水管立管"对话框（图 5-2），可以对立管尺寸、系统类型、起始和终止标高进行修改。

③ 点击"绘制"按钮，选择插入点，完成绘制。

四、散热器布置

① 单击功能区的"采暖系统"→"布置散热器"，在打开的"散热器布置"对话框中，可以选择散热器的类型、相对标高、离墙距离等参数，点击"布置"，即可进行散热器布置，见图 5-3。选中散热器，可在"属性"选项板中修改其限制条件、机械、尺寸标注等参数，见图 5-4。

② 当族库中的散热器族满足不了使用需求时，用户可自行创建散热器族，并按照以下方式添加进系统中："通用工具"→"族立得"，在"族库管理"界面的"散热设备"选项下，点击"添加族"，按照提示进行相应的操作，完成添加，见图 5-5、图 5-6。

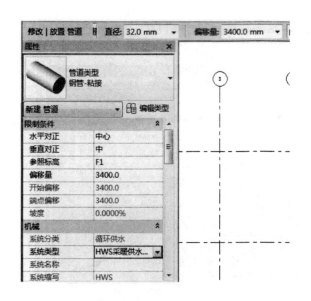

图 5-1　设置水管选项

图 5-2　绘制水管立管

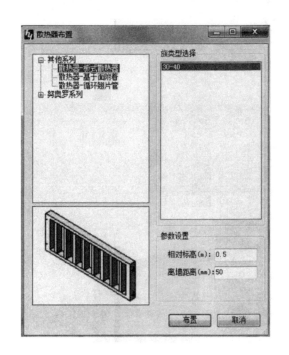

图 5-3　散热器布置

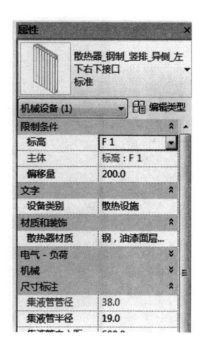

图 5-4　散热器属性

③ 单击功能区的"采暖系统"→"连接散热器"，框选需要连接的水管和散热器（图 5-7），连接完成后的效果如图 5-8 所示。

④ 再对连接完成的系统进行管道附件布置及管道偏移，最终的结果如图 5-9 所示。

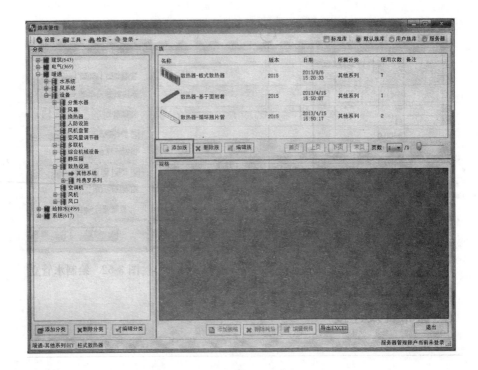

图 5-5 族库管理

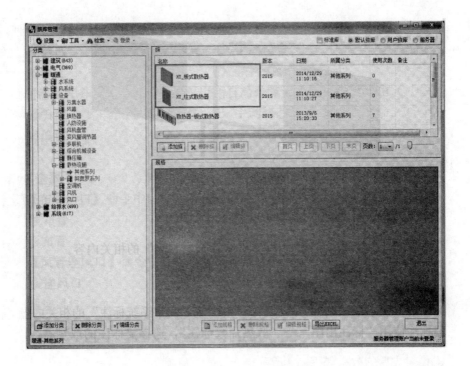

图 5-6 添加散热器族

图 5-7 连接散热器　　　　　　　图 5-8 连接后的散热器

五、管道标注

散热器标注使用"标注出图"→"散热片数标注",选择要标注的散热器,再点击要标注的位置完成标注,标注效果见图 5-10。

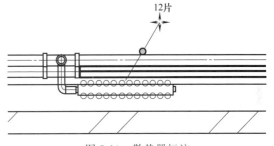

图 5-9 添加管道附件　　　　　　图 5-10 散热器标注

第二节　BIM 通风系统设计（以 BIMSpace 为平台）

一、通风系统基本设置

① 双击视图平面"01 空调风管"→"01 建模"→"楼层平面:建模-地下一层空调风管平面图",单击功能区的"风系统"→"系统设置",打开"系统设置"对话框,选中"样式",对系统类型信息进行修改,见图 5-11。

② 在视图平面"01 空调风管"→"01 建模"→"楼层平面:建模-地下一层空调风管平面图"键入"VV",在弹出的"可见性｜图形替换"选项卡中进行过滤器设置,以便控制各系统的可见性。

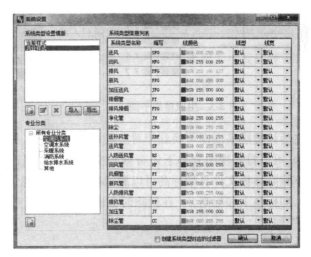

图 5-11 系统设置

③ 点击"过滤器",再点击"添加"按钮,选择要插入过滤器的图元,点击"确定"成功添加过滤器(图 5-12)。在添加的过滤器中可以设置图元可见性、投影/表面线颜色、线宽、填充图案等。

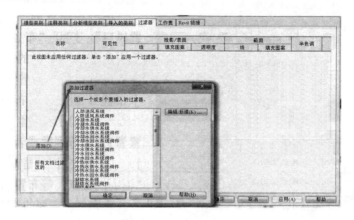

图 5-12　添加过滤器

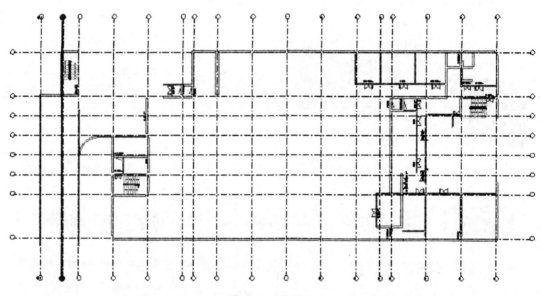

图 5-13　平面图

④ 用户也可在图 5-11 所示的"系统设置"界面最下方勾选"创建系统类型对应的过滤器",那么在系统设置的同时软件自动创建对应系统的过滤器。

二、风口布置

① 双击项目浏览器中的"01 空调风管"→"01 建模"→"楼层平面:建模-地下一层空调风管平面图",打开地下一层平面视图,见图 5-13。

② 单击功能区的"风系统"→"布置风口",打开"布置风口"对话框,见图 5-14。

③ 在打开的对话框中对风口参数进行设置,设置完成后点击"单个布置",进行风口布置。

④ 对于规则区域也可使用"区域布置",按照行列数或者行列间距快速布置风口,软件还提供"沿线布置""辅助线交点"等布置方式。

百叶风口需要通过"通用工具"→"族立得"绘制。单击功能区的"通用工具"→"族立得",打开"族库管理"界面,在"分类"中点击"暖通"→"设备"→"风口"→"送风口"→"方形风口",在右侧"族"中选择"风口-单层百叶风口",在下边"规格"中选择合适的规格尺寸，点击"布置"按钮，在合适位置放置风口。如果没有合适的规格，可以点击"添加规格"或者"编辑规格"进行添加或者编辑。风口布置效果见图 5-15。

图 5-14　布置风口

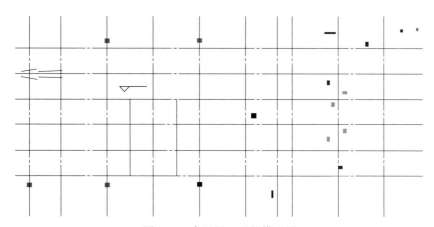

图 5-15　布置风口后的模型图

三、风管、立管绘制

① 单击功能区的"风系统"→"风管"，激活"修改 | 放置风管"选项卡和选项栏可以设置风管的宽度、高度以及偏移量。

② 在属性栏对风管进行设置，选择相应的风管系统类型。

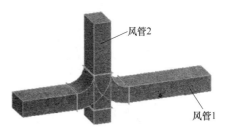

图 5-16　绘制立管

③ 单击功能区的"风系统"→"立管",根据系统提示选择源风管,激活"绘制风管立管"对话框。在该对话框中可以对立管尺寸、系统类型、起始和终止标高进行修改。

绘制结果见图5-16,其中风管1为源风管,风管2为绘制的立管。

四、风口连接

① 风口及风管布置完成后,单击功能区的"风系统"→"批量连风口",即可快速实现风口与风管的批量连接。

② 使用"风系统"→"风管连风口"实现单个风口跟风管直接的连接,软件提供了四种风口连接方式(图5-17),可以根据实际需求进行选择。连接前后效果见图5-18。

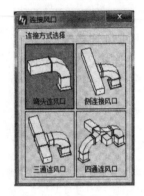

图 5-17　设置风口连接方式

图 5-18　风口连接

五、风管连接

① 单击功能区中的"风系统"→"风管连接",打开"风管连接"对话框(图5-19),可以进行2~4根风管的连接。下边以"弯头连接"和"三通连接"为例介绍风管连接的方法。

② 双击"弯头连接",可对弯头类型进行选择(图5-20),之后根据提示依次选择风管,系统会自动进行风管连接,如果风管尺寸不同,系统会自动加上变径,效果见图5-21。

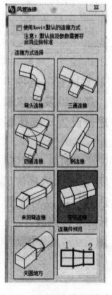

图 5-19　设置风管连接方式

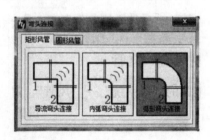

图 5-20　设置弯头连接方式

图 5-21　弯头连接

③ 双击"三通连接"，可选择三通的类型，按照图中标示的提示顺序依次选择风管，即可完成三通连接。

④ 单击功能区中的"风系统"→"分类连接"或"自动连接"。"分类连接"可实现两组风管的批量连接，要求风管系统类型一致，连接前后的效果见图 5-22；"自动连接"可实现多根风管的直接连接，多用于风管管件删除后的重新连接。

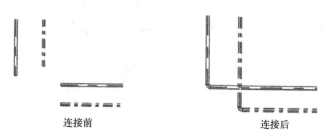

连接前　　　　　　　　　　　　连接后

图 5-22　分类连接

⑤ 当删除多余风管时，管件需要降级，此时选择管件，点击管件上的"—"可以做降级处理，如三通转换为弯头，见图 5-23。

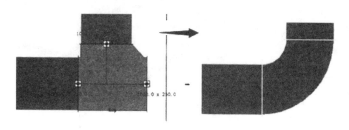

图 5-23　管件降级

六、风阀管件设置

① 单击功能区中的"风系统"→"阀件"→"风管阀件"，打开"风阀布置"对话框，在风阀图示列表中选择相应的风阀，点击"布置"，系统会根据风管尺寸自动进行风阀尺寸调整，布置效果见图 5-24。

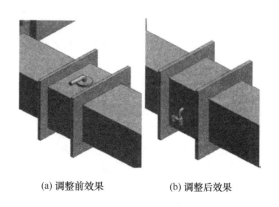

(a) 调整前效果　　　　　　　(b) 调整后效果

图 5-24　风阀管件

② 布置完成的地下一层风系统效果见图 5-25、图 5-26。

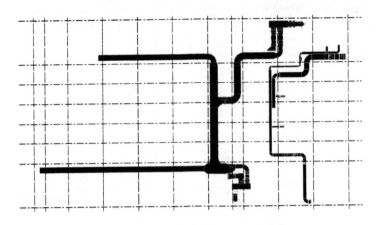

图 5-25　布置风阀管件后的平面模型

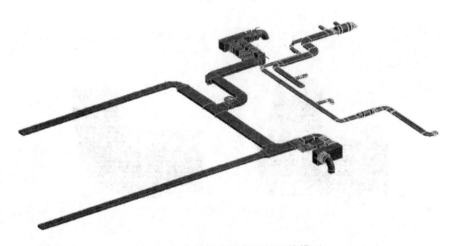

图 5-26　布置风阀管件后的三维模型

七、材料生成

① 单击功能区的"风系统"→"材料表",打开"材料统计"选项卡,点击 按钮,设置新建方案名称;点击 按钮,可编辑材料表样式。

② 点击 按钮,在打开的"材料表"对话框中进行基本信息、统计类别、表头设计等设置,分别见图 5-27～图 5-29。

③ 点击"选择模板"可以在当前族库中选择族表头模板,然后对表头属性进行设定。其中,表头属性为技术参数的项需要进一步选择,点击技术参数后面的按钮,双击"参数设置"列中的内容,点击"确定",完成该统计类别的参数设定。

④ 设置完成后,点击"确定",新的方案被添加到系统中,点击"统计",在平面视图中框选需要统计的区域,出现"视图选择"界面,输入视图名称,点击"确定",将生成的材料表放置在新生成的视图中。材料表局部效果见图 5-30。

⑤ 在地下一层平面空调风管视图中单击功能区的"风系统"→"Excel 材料表",打开"材料统计"对话框(图 5-31),点击"统计",框选地下一层风系统,弹出如图 5-32 所示界面,文件命名后选择表格存放位置,即可将 Excel 材料表导出。

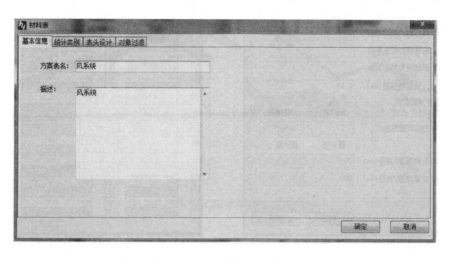

图 5-27　材料表基本信息

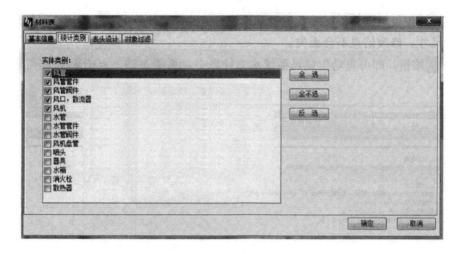

图 5-28　材料表统计类别

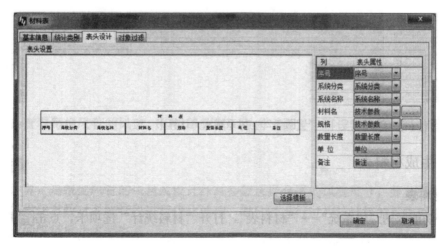

图 5-29　材料表表头设计

序号	系统分类	系统名称	材料名	规格	数量长度	单 位	备 注
			材　料　表				
1	送风	SF 1	玻美复合风管	800∅	1.79	m	
2	送风	SF 14	镀锌钢板_法兰	750×750	2.07	m	
3	送风	SF 7	镀锌钢板_法兰	750×750	4.36	m	
4	送风	SF 14	镀锌钢板_法兰	1500×600	0.11	m	
5	送风	SF 7	镀锌钢板_法兰	1200×400	12.29	m	
6	送风	SF 7	镀锌钢板_法兰	1500×320	15.57	m	
7	送风	SF 7	镀锌钢板_法兰	1000×250	51.82	m	
8	排风	FPY 11	镀锌钢板_法兰	500×200	14.99	m	
9	排风	FPY 11	镀锌钢板_法兰	320×200	8.39	m	
10	排风	FPY 12	镀锌钢板_法兰	1000×250	8.08	m	
11	排风	FPY 12	镀锌钢板_法兰	630×250	5.35	m	

图 5-30　图面格式材料表

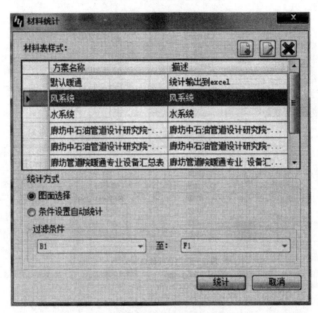

图 5-31　Excel 格式材料表

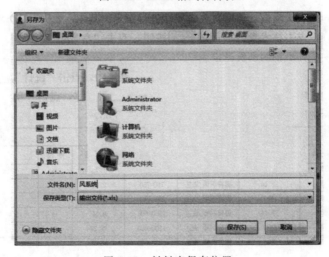

图 5-32　材料表保存位置

八、风系统标注

单击功能区的"标注出图"→"风系统标注"选项卡,可以进行风管、风口、风阀等的标注,系统会自动拾取风管、设备等信息,见图 5-33、图 5-34。标注效果见图 5-35。

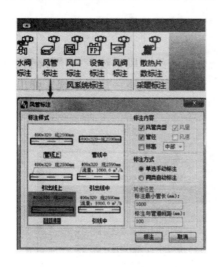

图 5-33 风管标注

图 5-34 风口标注

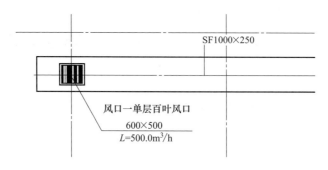

图 5-35 标注效果

第三节 BIM 空调水系统设计(以 BIMSpace 为平台)

一、空调水系统基本设置

双击视图平面"04 空调水管"→"01 建模"→"楼层平面:建模-地下一层空调水管平面图",单击功能区的"水系统"→"系统设置"(图 5-36),可对系统类型信息进行修改。在视图平面键入"VV",在弹出的"可见性│图形替换"选项卡中设置各系统的可见性。

二、风机盘管布置

单击功能区的"水系统"→"布置风盘",打开"风机盘管布置"对话框,见图 5-37。在对话框中选择风盘型号,设置标高,可使用"单个布置"或者"区域布置"方式布置风盘。可按照"结构形式""安装形式"及"接管形式"过滤选择风盘数据型号。

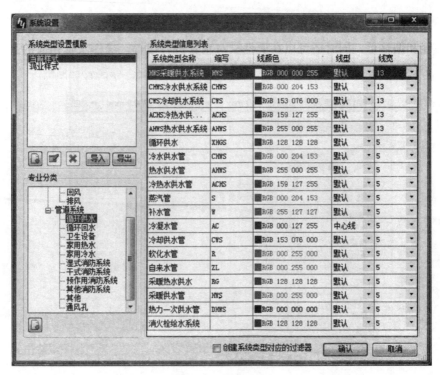

图 5-36　系统设置

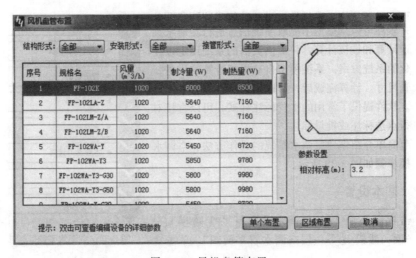

图 5-37　风机盘管布置

三、水系统管道绘制

单击功能区的"水系统"→"管道"，激活"修改｜放置管道"选项卡和选项栏，设置水管管径和偏移量，同时还可以在属性栏对水管进行设置，选择水管相应的系统类型，见图 5-38。

四、设备连接

① 单击功能区的"水系统"→"连接风盘"，框选需要连接的水管和风机盘管，出现如

图 5-39所示界面。

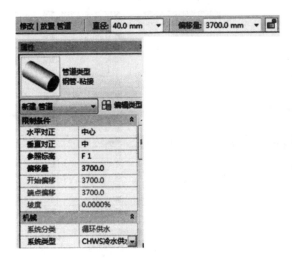

图 5-38　管道绘制

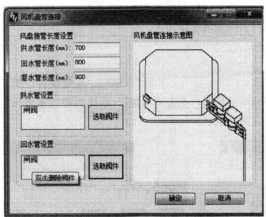

图 5-39　风机盘管连接

② 在图 5-39 所示界面中可对风机盘管接管长度进行固定值设定，双击阀件名称可删除默认阀件，也可点击"选取阀件"按钮重新设置阀门类型。

③ 点击"选取阀件"按钮，出现如图 5-40 所示界面。

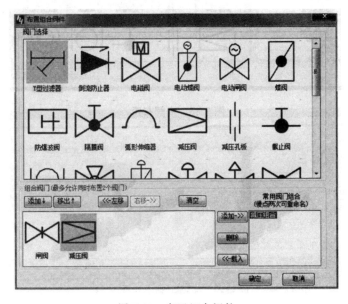

图 5-40　布置组合阀件

④ 在图 5-40 所示界面中可选中需要的阀件，通过 添加->> 删除 按钮进行添加或删除，也可以通过双击某阀件图标的方式来进行添加或者删除。

⑤ 可通过 添加->> 按钮将现有的阀件组合添加到常用组合阀件中，慢点两次可对常用阀件组合进行重命名。

⑥ 通过 删除 按钮将常用组合阀件对象进行删除。通过 <<-载入 按钮或快速双击，将所选择的常用组合阀件对象载入到当前的组合阀件中。

⑦ 单击"确定"完成接管的阀件设置，返回风机盘管连接界面，单击"确定"软件自动完成连接。

五、水管阀件设置

① 单击功能区的"水系统"→"水阀布置"，出现"水阀布置"对话框，见图5-41。

② 在水阀图示列表中选择相应的水阀，点击"布置"，系统会根据水管尺寸自动进行水阀尺寸调整。设置后的效果见图5-42。

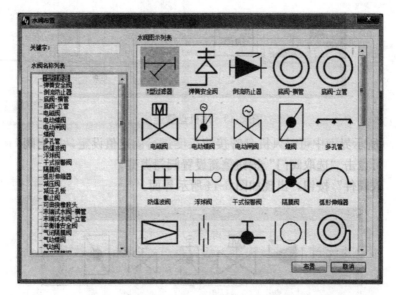

图 5-41　水阀布置

图 5-42　加水阀后的管道效果

六、水管水力计算

① 单击功能区的"水系统"→"水力计算"，状态栏提示"请选择要计算分支的第一段管远端"，点击第一段管道起始端，弹出"水管水力计算"界面，见图5-43。

② 点击"设置"可进行"参数"设置和"水管规格"设置。在"水管规格"界面，点击⬜按钮可添加规格，点击⬛按钮可删除规格。在图5-43所示界面点击⬜按钮可进行设计计算，点击⬛按钮可进行校核计算。

③ 设计计算是根据水管流量、设计计算参数等设置选择合适的水管尺寸。对已经进行过校核计算的系统再进行设计计算，修改的管径尺寸将丢失。校核计算仅仅根据管段尺寸、流量计算管段流速等其他数据。校核计算时如果用户改变了管段尺寸，修改信息不会丢失。

④ 点击⬜按钮，即可自动生成如图5-44所示的水系统水力计算书。点击⬛按钮可将结果赋回图面。

七、水系统标注

单击功能区的"标注出图"→"水系统标注"选项卡，可以进行水管、水阀等的标注，系

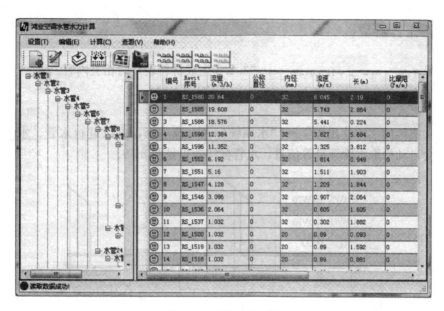

图 5-43　水管水力计算

编号	Revit序号	流量(m^3/h)	公称直径	内径(mm)	流速(m/s)	长(m)	比摩阻(Pa/m)	沿程阻力(Pa)	局阻系数	局部阻力(Pa)	总阻力(Pa)
1	RS_1580	20.64	70	68	1.58	2.19	266.49	583.66	0.00	0.00	583.66
2	RS_1585	19.61	70	68	1.50	2.86	243.61	697.70	0.15	168.70	866.40
3	RS_1586	18.58	70	68	1.42	0.22	221.62	49.69	0.15	151.41	201.10
4	RS_1590	12.38	70	68	0.95	5.68	109.00	619.55	0.15	68.39	687.95
5	RS_1596	11.35	50	53	1.43	3.81	305.79	1165.54	0.15	153.22	1318.76
6	RS_1552	6.19	50	53	0.78	0.95	105.86	100.50	0.19	57.21	157.72
7	RS_1551	5.16	40	41	1.09	1.90	260.48	495.74	0.15	88.40	584.14
8	RS_1547	4.13	40	41	0.87	1.84	176.27	325.12	0.15	56.57	381.69
9	RS_1546	3.10	32	35.75	0.86	2.06	204.27	421.51	0.15	55.05	476.56
10	RS_1536	2.06	32	35.75	0.57	1.60	100.47	161.23	0.15	24.87	186.10

图 5-44　水力计算书

统会自动拾取水管管径等信息。水管标注效果见图 5-45。

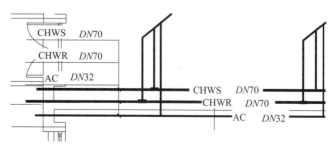

图 5-45　水系统标注

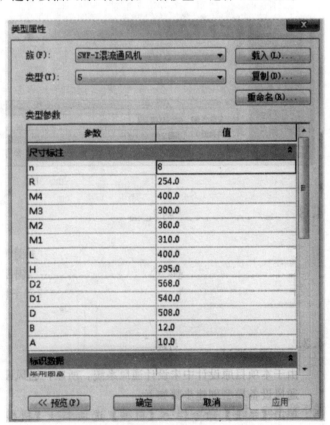

第四节 Revit 通风系统创建

一、设备创建

① 单击"系统"命令栏→"机械"选项卡→"机械设备"命令，插入风机，如图5-46所示。

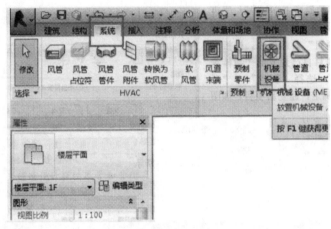

图 5-46 插入风机命令

② 插入风机，如图5-47所示，选择要插入的风机族，"偏移量"选择3000mm。

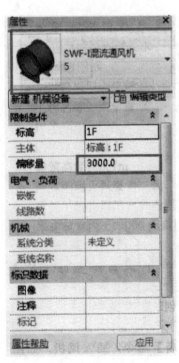

图 5-47 插入风机

图 5-48 风机尺寸调节

③ 点击"编辑类型"按钮可以对风机的具体参数进行设置和调整，达到使用的目的，如图 5-48 所示。

④ 点击插入的风机，单击放置到正确的位置，如图 5-49 所示。

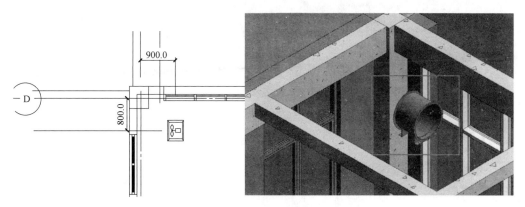

图 5-49　放置风机

二、通风管道创建

① 点击视图中的风机模型，点击 ⊞₅₀₈.₀ 按钮进行风管的创建，如图 5-50 所示。

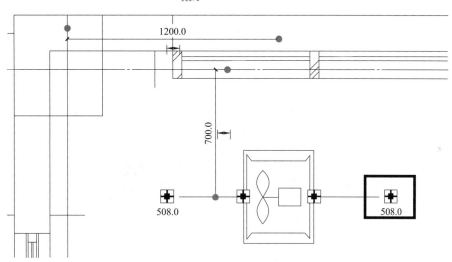

图 5-50　创建风管

② 由于风机自带的是圆形风管，在绘制出一段后需要变换成矩形风管。不要退出绘制，点击"属性"中的"圆形风管"，在下拉菜单中选择"矩形风管"中的"半径弯头/T 形三通"模式进行变换，如图 5-51 所示。

③ 选择"宽度"为 800mm，"高度"为 320mm，直接进行绘制，系统会自动添加一个"天圆地方"连接件，如图 5-52 所示。

④ 如果系统自动生成的"天圆地方"连接件不满足使用要求，可以进行调节，如图5-53所示。点击"天圆地方"连接件，在"属性"中有多种角度可供选择，可选择 30 度模式进行切换。

⑤ 单击"系统"命令栏→"HVAC"选项卡→"风管"命令，如图 5-54 所示，进行风管绘制。

⑥ 点击"属性"选择矩形风管，点击"系统类型"选择送风，绘制如图 5-55 所示的一段

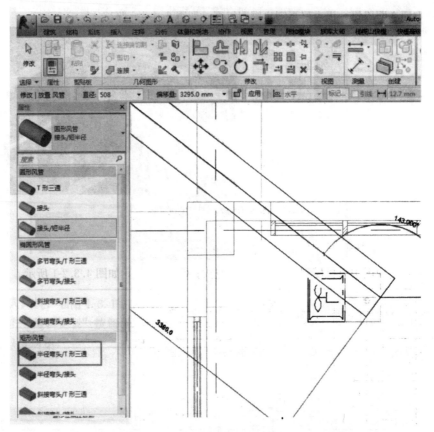

图 5-51　变换风管类型

图 5-52　三维效果

风管。风管的绘制需要两次单击，第一次单击确认风管的起点，第二次单击确认风管的终点。

⑦ 单击"属性"栏中"编辑类型"按钮，弹出"类型属性"对话框，在"类型"下拉列表中有四种可供选择的管道类型，分别为：半径弯头/T形三通、半径弯头/接头、斜接弯头/T形三通和斜接弯头/接头。它们的区别主要在于弯头和支管的连接方式，其命名是以连接方式来区分的，半径弯头/斜接弯头表示弯头的连接方式，T形三通/接头表示支管的连接方式，如图 5-56 所示。

⑧ 在"布管系统配置"下，可以看到弯头、首选连接类型等构件的默认设置，管道类

图 5-53　天圆地方设置

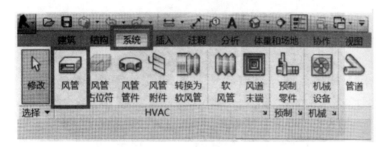

图 5-54　风管绘制

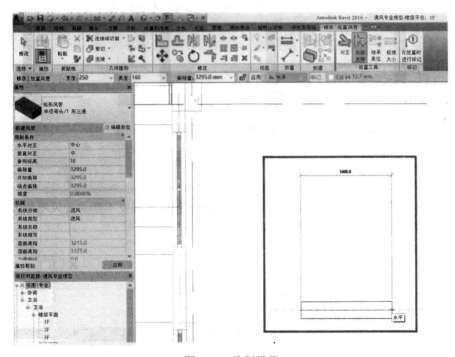

图 5-55　绘制风管

型名称与弯头、首选连接类型的名称之间是有联系的，如图 5-57 所示。

　　⑨ 调整完毕后，绘制完成所有的通风系统管道，如图 5-58 所示。

　　⑩ 单击"编辑类型"，打开"类型属性"的"布管系统配置"对话框，可以对风管类型进行配置。

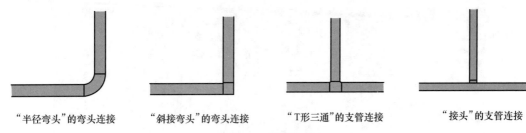

| "半径弯头"的弯头连接 | "斜接弯头"的弯头连接 | "T形三通"的支管连接 | "接头"的支管连接 |

图 5-56　风管连接

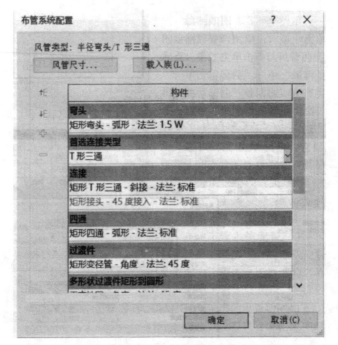

图 5-57　布管系统配置

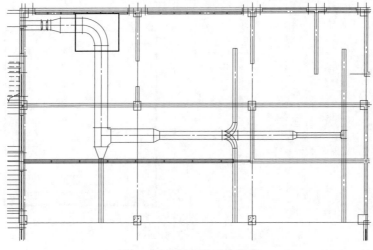

图 5-58　绘制通风系统管道

⑪ 使用"复制"命令，可以在根据已有风管类型添加新的风管类型。根据风管材料设置"粗糙度"，用于计算风管沿程阻力。通过在"管件"列表中配置各类型风管管件族，可以指定绘制风管时自动添加到风管管路中的管件。以下管件类型可以在绘制风管时自动添加

到风管中：弯头、T形三通、接头、四通、过渡件（变径）、多形状过渡件矩形到圆形（天圆地方）、多形状过渡件椭圆形到圆形（天圆地方）和活接头。不能在"管件"列表中选取的管件类型需要手动添加到风管系统中，如Y形三通、斜四通等。

⑫ 通过编辑"标识数据"中的参数为风管添加标识。

⑬ 在平面视图和三维视图中绘制风管时，可以通过"修改|放置风管"选项卡中的"对正"命令指定风管的对正方式。单击"对正"打开"对正设置"对话框进行水平对正。当前视图下，以风管的"中心""主"或"右"侧边缘作为参照，将相邻两段风管边缘进行水平对正。"水平对正"的效果与风管方向有关，自左向右绘制风管时，选择不同"水平对正"方式效果如图5-59所示。

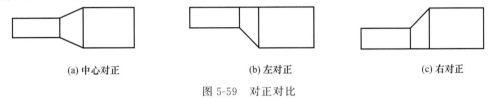

(a) 中心对正　　　　　　(b) 左对正　　　　　　(c) 右对正

图5-59　对正对比

⑭ 水平偏移：用于指定风管绘制起始点位置与实际风管和墙体等参考图元之间的水平偏移距离。"水平偏移"的距离和"水平对齐"设置以及画管方向有关。设置"水平偏移"值为100mm，自左向右绘制风管，不同"水平对正"方式下风管绘制效果如图5-60所示。

⑮ 垂直对正：当前视图下，以风管的"中""底"或"顶"作为参照，将相邻两段风管边缘进行垂直对正。"垂直对正"的设置可以调整风管"偏移量"指定的距离。不同"垂直对正"方式下，偏移量为2750mm绘制风管的效果如图5-61所示。

⑯ 风管弯头的"半径系数"需要调整。点击"风管弯头"，点击"编辑类型"将"半径系数"改变为"1.0"进行调整，调整好的效果如图5-62所示。

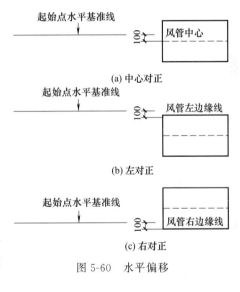

(a) 中心对正

(b) 左对正

(c) 右对正

图5-60　水平偏移

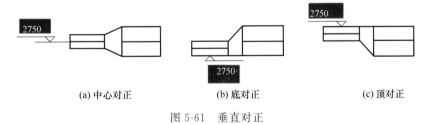

(a) 中心对正　　　　　　(b) 底对正　　　　　　(c) 顶对正

图5-61　垂直对正

⑰ "修改|放置风管"选项卡中的"自动连接"命令用于某一段风管管路开始或者结束时自动捕捉相交风管，并添加风管管件完成连接。默认情况下，这一选项是勾选的。如绘制两段在同一高程的正交风管，将自动添加风管管件完成连接，如图5-63所示。

⑱ 在绘图区域中单击某一管件，管件周围会显示一组管件控制柄，可用于修改管件尺寸、调整管件方向和进行管件升级或降级。

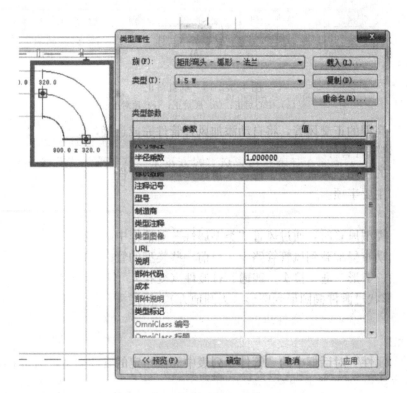

图 5-62　改变半径系数

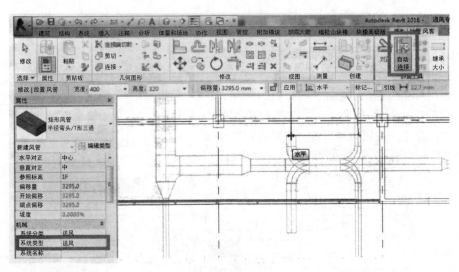

图 5-63　自动连接

⑲ 在所有连接件都设有连接风管时，可单击尺寸标注改变管件尺寸。单击 符号可以实现管件水平或垂直翻转 180°。单击 符号可以旋转管件。注意：当管件连接了风管后，该符号不会再出现。

如果管件的所有连接件都连接风管，可能出现"＋"，表示该管件可以升级。例如，弯头可以升级为 T 形三通；T 形三通可以升级为四通等。

如果管件有一个未使用连接风管的连接件，在该连接件的旁边可能出现"－"，表示该管件可以降级。例如，带有未使用连接件的四通可以降级为 T 形三通；带有未使用连接件的 T 形三通可以降级为弯头。如果管件上有多个未使用的连接件，则不会显示加减号。

⑳ 单击"系统"命令栏→"HVAC"选项卡→"风道末端"命令，进行风口选择，如图 5-64 所示。

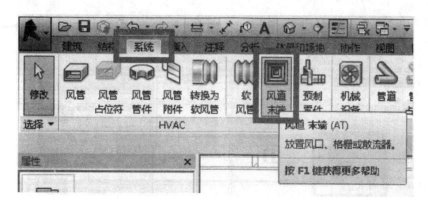

图 5-64　风口选择

㉑ 选择"散流器 360×240"在风管末端进行点击布置，输入"偏移量"为 2500mm。

㉒ 单击"系统"命令栏→"HVAC"选项卡→"风管附件"命令，进行管道阀门的选择。选择"排烟阀"，在需要插入的地方单击进行插入，如图 5-65 所示。点击排烟阀，在模型右侧出现了一个 ◈ 按钮，这个按钮是控制插入构件的方向的控制键，如果需要调节插入构件的方向，请单击 ◈ 按钮进行调节，如图 5-66 所示。

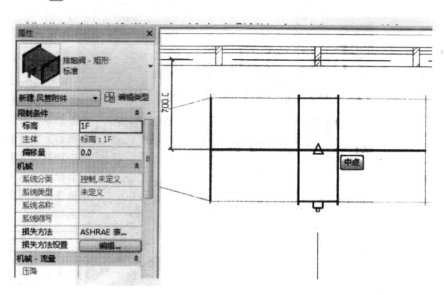

图 5-65　插入排烟阀

㉓ 点击通风管道，在上方会出现"添加隔热层"与"添加内衬"两个选项，使用"保温层"时一般选择"添加隔热层"，选择"添加隔热层"进行添加，选择隔热层类型为"玻璃纤维"，厚度为"25mm"，点击确定添加隔热层，如图 5-67 所示。

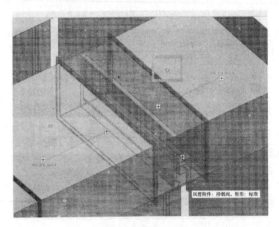

图 5-66　排烟阀方向控制

图 5-67　隔热层三维效果

三、风管显示

① Revit2016 的视图可以设置 3 种详细程度，即粗略、中等和精细，如图 5-68 所示。

图 5-68　详细程度

② 在粗略程度下，风管默认为单线显示；在中等和精细程度下，风管默认为双线显示。风管在 3 种详细程度下的显示不能自定义修改。

③ 单击功能区中的"视图"→"可见性|图形替换"，或者通过快捷键 VG 或 w 打开当前视图的"可见性|图形替换"对话框。在"模型类别"选项中可以设置风管的可见性。勾选表示可见，不勾选表示不可见。设置"风管"族类别可以整体控制风管的可见性，如图 5-69 所示。

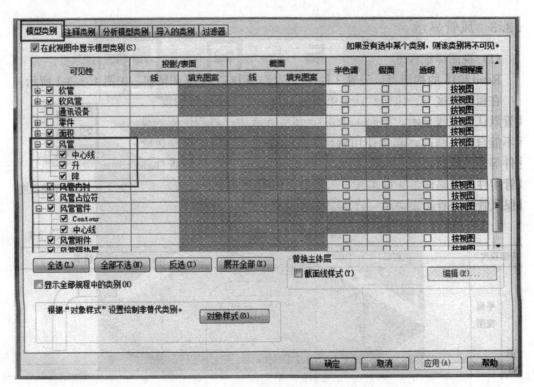

图 5-69　模型可见性

④ "模型类别"选项卡中右侧的"详细程度"选项可以控制风管族在当前视图显示的详细程度。默认情况下详细程度选择"按视图",即根据视图的详细程度设置显示风管。如果风管族的详细程度设置为"粗略"或者"中等"或者"精细",风管的显示将不依据当前视图详细程度的变化而变化,只根据选择的详细程度显示。如某一视图的详细程度设成"精细",风管的详细程度通过"可见性|图形替换"对话框设成"粗略",风管在该视图下将以"粗略"程度的单线显示。

⑤ 平面视图中的风管,可以根据风管的某一参数进行着色,帮助用户分析系统。

⑥ "机械设置"对话框中"隐藏线"的设置,主要用来设置图元之间交叉、发生遮挡关系时的显示,如图 5-70 所示。

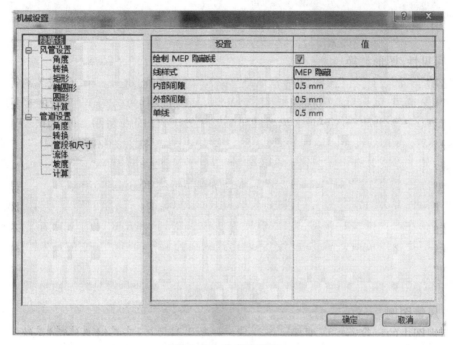

图 5-70　隐藏线设置

第五节　BIM 暖通设计应用案例

一、某学校项目

1. 概况

本项目在运用 BIM 技术中,初次尝试有关设计上的不同,充分发挥 BIM 技术的优势,提高设计效率。项目建筑面积有 $54717m^2$。建设类别设定为民用,且为多层公共性建筑物。校区中建筑物地上为 5 层,局部地下设计为两层,建筑物高为 27m。地下一层为停车场,地下二层为机电设备和一些变压器、热泵等配套设备和用房。

2. 暖通空调设计的负荷计算和方案（图 5-71）

对于负荷计算,建筑工程所采用的是 DeST 能耗计算软件来对全年冷热负荷进行计算,即计算出空调供暖的有关负荷数值,以及热水设计的负荷数值。其中,礼堂和食堂的供冷设计负荷为 560kW,供热设计负荷为 155kW,而食堂和卫生间热水的设计负荷为 142kW;教学楼的供冷设计负荷为 1250kW，供热设计负荷为 1481kW，对于宿舍的供热设计负荷为 287kW。

图 5-71   方案

对于冷热源的设计，主要采用的是地源热泵系统，而对于地下一层的冷热源机房，配有两台地源热泵机组，每台的额定制冷量为 290kW，其制热量为 289kW。在制冷工况下的冷水供回水温度一般为 7℃/11℃，水源侧温度为 30℃/35℃。而在制热工况中，其热水供回水的温度为 45℃/41℃，水源测温度为 7℃/3℃。采用 U 形地埋管换热孔，一般设在建筑物旁边，一共运用 150 个，其中间隔的距离设定为 4m，设定孔深为 120m。通过详细的计算，全年累计的释放冷量为 150414kW·h，而累计的释放热量为 151547kW·h。

对数学楼以及办公室等地方的供热情况，供回水的温度一般为 96℃/75℃，通过换热器来进行换热，在二次供水时，其供回水温度为 80℃/60℃。在夏季时的供冷情况，主要由多联机空调系统提供冷负荷。需要说明的是，建筑物宿舍上方的屋顶，用的是太阳能热水器进行供热。

对于空调供暖，采取的空调设计的方案为多联机空调和散热器供暖，而对于宿舍的空调供暖采用的是散热器供暖，加上预留分体空调安装。学校的大礼堂采用的空调设计主要是定风量全空气热回收空调系统，这种方案的设计在过渡季以及应急方案启动时，其空调系统可以使 70% 新风进行运行。而对于小操场多用定风量全空气热回收空调系统，底板辐射值班供暖的方式。食堂则采用风机盘管和循环风空调，加上新风系统的方案比较好。

二、暖通空调设计中的 BIM 技术分析和应用（图 5-72）

在暖通空调设计中的 BIM 技术一般都会应用到 MagiCAD 软件，这种软件主要是向工

图 5-72   技术分析

程师以及设计师等行业人士应用的，尤其是针对机电专业人士。在工作范围之内的 BIM 选择上，对教室以及食堂和机电管道等采用的是 BIM 技术应用，基本上 BIM 技术涉及的是换热站以及地源热泵和空调系统等方面。在实践上 BIM 模型的目标是涉及建模以及管线综合，其成果是 BIM 专业模型。

二维设计中的主体就是线，主要是将线在不同的运用中，进行各种的组合和叠加，而运用 BIM 技术设计时，其主体就是产品，然后运用产品和各种管道进行建模。在绘制的方式上，BIM 在实际的设计中，主要是将产品以及管道通过链接形成一整套的系统，实现连接，并使得从点到面的组合，最终实现暖通系统的连接。比较有说服力的是，空调水管的支管安装和连接，最能体现出 BIM 设计的典型性。

在制图效率方面，BIM 设计在有关绘制的方法以及表达理念上，都是运用产品以及管道进行有效的组成。在这个过程中，需要很多管径信息和尺寸信息，这些信息的输入，应按照设计人员的要求进行。在设计时期工作量比较大，且 BIM 软件的掌握有一定的难度，一些设计人员还不能充分地使用和熟练掌握，使得在 BIM 技术的设计和应用中，制图效率偏低一些。

BIM 设计中的重点工作在于对软件进行分析和查找，提供产品库中比较合适的设备模型，然后再安装在模型之内。这时，如果设计人员有较多的产品库，就在工作中占有了一定的优势，对设计工作能够产生非常大的影响。需要说明的是，产品库内的有关模型都是属于厂家所支持的，一些产品尺寸以及产品的性能等一些数据也受到厂家的支持和保护。而这些数据则是 BIM 设计模型中的重点内容。

按照有关设计产品，设计人员做出自定义，这对于产品库是一种必要的补充，非常适合 BIM 设计。一般情况下，在产品制作器上，将有关尺寸以及模型做出复制，并进行编辑和修改，同样可以产生新的产品。在这种条件下，项目管理文件能够对产品做出信息关联，使得新产品数据完成相应的制作。

对于专业性的协调方面，BIM 主要的专业协调基本上是运用三维信息模型来实现的。由于各个专业的构件有其各自的形状，同时其位置也能够在模型中得出直观显示，使得专业错误的发生率降低许多。运用 BIM 技术整合数据，能够实现相互性的协调工作，同时还可以进行实时性的查阅，使得信息共享，在交流时比较顺畅，为专业性的协调工作提供更大的便利。

在管线综合方面，BIM 在设计的过程中，专业协调结果就是管线综合。由于在所有区域中，模型上的管线都已显现出来，而且管线在交叉以及碰撞上也能够层次分明，省去了许多绘制模型，不必用很多的模型来体现和说明管道综合。在综合模型中，应进行剖切面的选择，能够生成新的剖面图。

在设计成果方面，BIM 设计主要是对暖通空调的有关设备，加上管道的材料和一些热工性能进行的信息三维模型。这种模型具有较大的优势，不仅在打开模型后即可看出设备以及管道安装后的形状、位置，而且其效果直观，非常形象。

三、车站车房暖通空调系统设计应用案例

BIM 是一种技术、一种方法、一种过程，能够把建筑行业业务流程和表达建筑物本身的信息更好地集成起来，从而提高整个建筑设计行业的效率。随着 BIM 技术在设计领域的兴起，国内先进的建筑设计团队纷纷成立了 BIM 技术小组，四大铁路设计院也成立了 BIM 设计联盟，这将会促进 BIM 技术在全国范围内迅速推广应用。

BIM 定义为建筑信息模型，在设计过程中凸显了"信息"这一重要因素，BIM 平台下

暖通空调设计中的主要元素是包含了大量管线、设备、阀门附件等暖通构件信息的族。族是一个包含通用属性（称为参数）集和相关图形表示的图元组。BIM 平台下暖通空调系统绘图设计是使用各设备、构件等的族来"安装"到相应部位的过程。

借助 Revit、MagiCAD 等软件，对采暖、通风、空调系统进行真实管线建模，可以实现智能、直观的设计流程，也可以随时处理本专业各管线、设备间的相对关系，还可以从整座建筑物的角度来处理信息，将相关专业的模型关联起来，优化暖通空调设备及管道系统的设计，更好地进行建筑性能分析，充分发挥 BIM 的竞争优势。设计过程中所有组件都是通过族来实现的，可以获得同步的建筑信息模型的设计反馈，轻松掌握设计内容的进度和工程量统计、造价分析。

BIM 技术设计过程各专业的协作是通过建筑信息模型共享链接进行的，通过实时的可视化功能，能够最大限度地减少设备专业之间，设备专业与土建专业之间的协作。任何一个专业模型发生变更，相关专业的设计文档需同步更新相关内容。使用 BIM 技术解决了常规二维设计过程中因上游专业的变更不能及时反馈到下游专业，而产生各专业间图纸不能相对应的问题。BIM 技术成果是通过三维建筑信息模型来表现的，各专业的设计成果可视化的表现，能改善设计师与业主的沟通并帮助及时做出决策。

随着工程项目变得越来越复杂，确保机电、设备专业与土建专业在设计和设计变更过程中清晰、顺畅地沟通至关重要。同时设计师可以通过所创建的逼真建筑信息模型与业主及时沟通，尽早发现错误，避免让错误进入现场，造成代价高昂的现场设计返工，同时还可大幅度缩短建筑设备及管道系统的施工周期。在 BIM 平台下，暖通空调系统设计通过 3D 可视化环境分区，分部位确定各种管路管线的标高和走向，成功解决碰撞问题，最后可直接利用 BIM 导出施工图，提高了图纸质量。BIM 模型与实际施工安装效果对比见图 5-73。

(a) BIM模型　　　　　　　　　　　　　　　　　(b) 实际施工安装

图 5-73　BIM 模型与实际施工安装效果对比

现以某车站站房为例，说明 BIM 技术的显著特点。设计内容包括通风系统、采暖系统、消防系统、给排水系统（室内给排水、消防在铁路设计院属暖通专业设计内容），均为暖通空调专业最常用的系统。

设计过程中选用 Revit 软件进行 BIM 建模，BIM 设计重要的一个环节就是选择带有正确的、工程中所需要的各设备、管线、阀门附件等的材质、热工性能属性的族。通过带有正确信息的各构件的族来搭建暖通空调系统，在三维建筑信息模型中完美体现暖通设计师的意图。

Revit 软件设计过程中可以很自由地在二维、三维视图间转换，通过即时的三维视图、剖面图可以方便地检查设备、管线走向标高和相关构件的相对位置关系，同时还可以给暖通空调管道的流体参数进行设定。各参数的设定可以帮助暖通设计人员轻松计算各个设备的参数及管道中的流体参数，以确定设备型号及管线尺寸。设备、管道材质赋予信息，在真实显示状态下可以清晰地看到设计效果。模型均按照真实尺寸建模，传统表达予以省略的部分（比如管道保温层等）均得以展现，从而能将一些深层次问题暴露出来，如管道在地沟内的排布，风管与土建结构梁、柱的位置关系等。设计成果见图 5-74、图5-75。

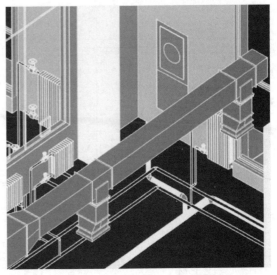

图 5-74　候车厅通风系统模型

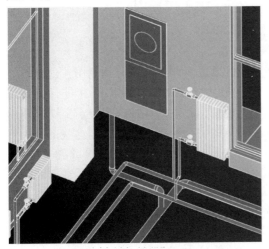

(a)候车大厅采暖、消防系统模型

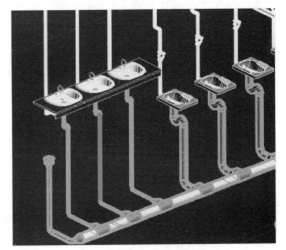

(b)卫生间卫生洁具接管模型

图 5-75　暖通空调系统模型

从以上模型结果可以看出，BIM 技术可视化的设计效果很直观，打开模型就能清晰地看到各种设备、管线间的位置关系，三维模型可以随时进行效果检验，在设计前期阶段就能很好地确定各系统方案，给暖通空调复杂系统的设计带来了前所未有的机遇。

随着经济、建筑材料的迅速发展，大规模的高级写字楼、图书馆、商业楼、综合体、地下铁道工程等建筑工程如雨后春笋般涌现。这些工程往往设计、装修标准高，均设置中央空调系统、防排烟系统、自动喷淋系统、消火栓系统、给排水系统、中水热水系统等。这些系统的设计包含了大量的暖通空调设备和相关管线，而暖通空调设备和管线在机电系统中所占的空间尺寸往往比其他专业都大，这一现象在大型地下商场、车库，地铁地下车站中表现得更为明显。某地铁站环控机房管线图见图 5-76。

这些大规模建筑的暖通空调设备、管线如果布置不合理将会导致系统复杂的建筑规模增

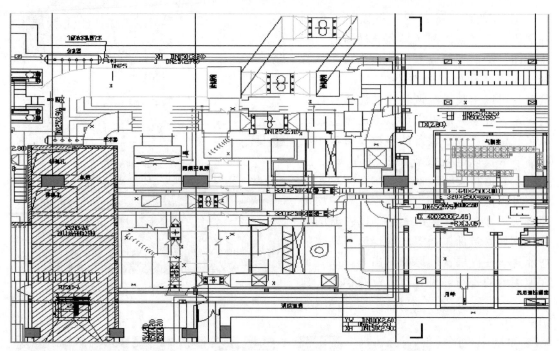

图 5-76　环控机房管线图

加。若要用二维图形将这些复杂的管线表现清楚，则需要大量的剖面图与轴测图，这样不但加重了暖通设计师的工作量，后期施工也需要专业的技术人员才能读懂图纸并进行指导施工。管线较多的局部空间、制冷机房、换热站机房、地铁车站中的环控机房暖通空调专业的管线本就很多，这些地方所布置的设备往往要纳入建筑的自动控制系统，这样这些部位的管线、设备就愈显密集。要把这些设备管线很直观、清楚地呈现给相关专业人员或施工人员，二维图形就表现得"力不从心"了。因此结合现阶段暖通空调工程的特点，在暖通空调工程设计中采用 BIM 技术是非常有必要的。

暖通空调设计中运用 BIM 技术应注意如下问题。

（1）出图效率问题

BIM 技术是一门新兴的技术，绘图模式颠覆了传统的二维绘图方式，一定程度上要想熟练地运用 BIM，需要花费大量的时间来掌握相关软件。从现阶段二维出图到利用 BIM 直接导出施工图是设计行业的一次"工业革命"，这就要引导暖通空调设计师对 BIM 技术有根本的认识，突破表面的只是三维模型的局限，自发地积极钻研 BIM 平台下的相关软解，熟悉界面指令操作，以掌握并应用 BIM 技术，从而提高出图效率。

（2）协同问题

在功能多且复杂的建筑中，暖通空调系统管线较多，为了避免与相关专业的管线发生碰撞，应随时链接相关专业设计模型，从而在设计过程当中同步地对管线进行综合，随时发现碰撞，及早发现问题。专业间的沟通和协调工作将渗透到建模过程的任一时刻，对模型进行碰撞检查、大型设备后期安装路径的研究，进而可以优化空间布局，优化暖通空调管线排布方案。

（3）构件选用问题

暖通空调工程 BIM 设计的成果是包含了大量设备、管道的族来实现的，因此在一开始的设计中就需要在信息模型中输入大量的准确的数据，以确保所带大量信息的各构件都能"安装"到合适的位置，提高系统所参与的各项计算的准确程度。因为 BIM 中暖通空调设备、管道、阀门附件（如三通、弯头）都是以族来实现的，而不是像二维绘图中那样可以用线条叠加。

（4）设计流程问题

以往二维设计中，暖通空调前期阶段工作量小，大量的设计工作在施工图阶段，而利用BIM技术后相应地要在前期有很好的协作，在施工图阶段才能很好地发挥BIM的优势，在复杂工程中更好地发挥暖通空调专业的主观能动性，进而提高暖通空调专业的出图质量。

（5）设计体会

在复杂工程如铁路大型站房、轨道交通地下车站等建筑中运用BIM技术设计，并进行管线综合能很好地提高暖通空调设计工作完成度，对于暖通空调工程师而言可以减少配合施工工作量；在施工方面可以提高效率，减少返工、节约成本。BIM的可视化功能集成多维信息，精确地储存了暖通空调工程中的设备及管线的属性及空间信息，可以模拟施工组织方案，为后期施工安全管理提供了有力的技术支持。在精准的BIM模型中结合运行维护软件的使用，可以在物业运行期间提供机电系统的工作状态，为工程的运行维护提供便捷的支持。

四、某项目管道设计应用案例

1. 管道系统设置

Revit管道默认系统分类如图5-77所示。

新建的管道系统需按照图纸复制图5-77所示管道系统重命名成与图纸一致的系统类型，如图5-78所示。

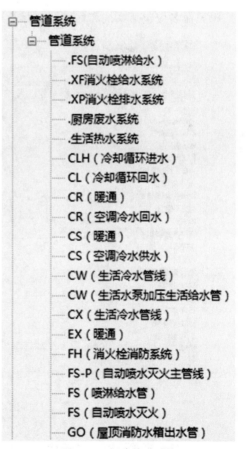

图 5-77　Revit 管道默认系统分类

图 5-78　新建管道系统

建立好管道系统以后，应为每个管道系统配置相应材质（图 5-79）。

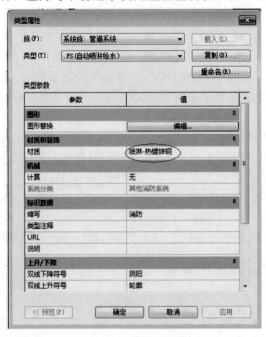

图 5-79　材质设置

材质命名应包括系统名称以及实际管道材料名称，应与图纸一致，如图 5-79 所示。

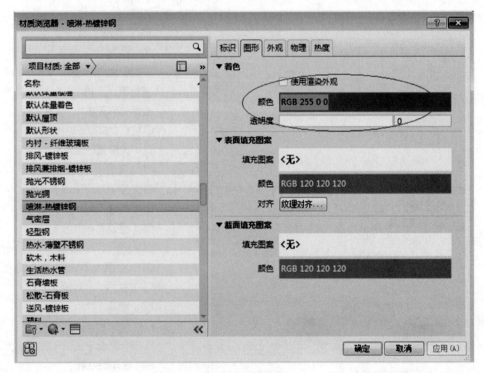

图 5-80　选颜色

材质着色依据项目管道颜色标准赋予（图 5-80）。

2. **管道配置**（图 5-81）

进入管道配置以后，按图 5-82 配置相关连接件，可按照项目实际配置。

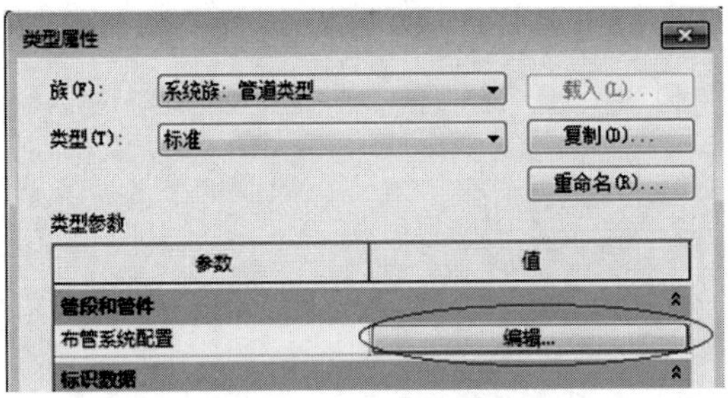

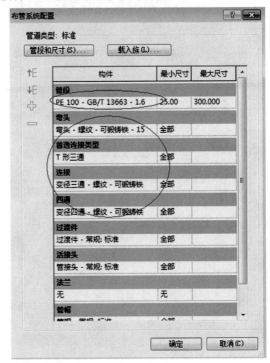

图 5-81　管道配置

图 5-82　连接件配置

需要新增管段和尺寸时，可进入配置目录（图 5-83）。

图 5-83　目录配置

3. **立管绘制**（图 5-84）

在平面上点击后再修改为相应立管标高，如 2600mm，点击两次应用（图 5-85）。

4. **风管配置**

风管系统与管道系统设置相同，不再累述，布管系统配置如图 5-86 所示。

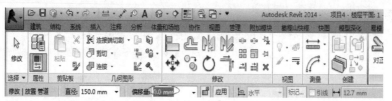

图 5-84　立管绘制

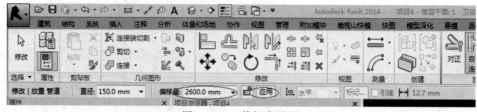

图 5-85　立管标高设置

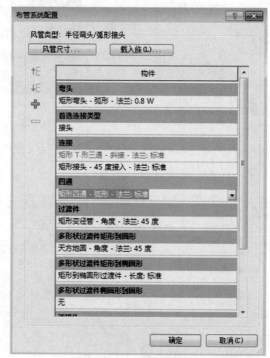

图 5-86　布管系统配置

5. 三通连接

设置"首选连接类型"为 T 形三通，"连接"为矩形 T 形三通，如图 5-87 所示。

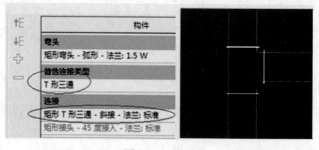

图 5-87　三通

6. 接头连接

设置为接头时，如图 5-88 所示。

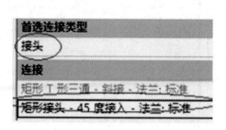

图 5-88　接头

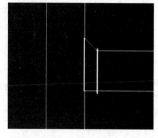

图 5-89　图纸

在配管时应注意三通和接头的区别，按照项目图纸（图 5-89）进行配置。

7. 明细表配置

（1）土建构件明细表（图 5-90）

选择相应字段，梁板柱按类型、合计、体积列出明细，不需要逐项列举每个实例。排序方式按类型即可。

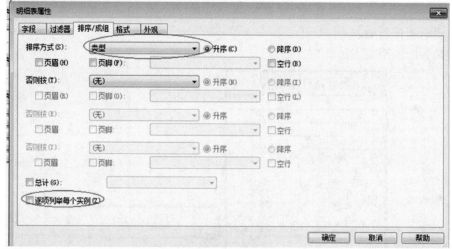

(a) 明细表属性设置

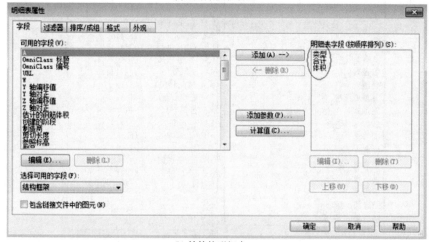

(b) 结构柱明细表

图 5-90

<结构柱明细表>		
A	B	C
类型	合计	体积
300*300	8	4.97m³
300*400	10	7.53m³
300*300	8	3.86m³
400*400	3	2.25m³
500*700	1	2.41m³
500*500	89	105.16m³
500*700	21	42.74m³
600*600	85	141.61m³
700*700	140	337.15m³
750*750	24	56.70m³
750*750	48	112.05m³
800*800	48	128.95m³
800*800	325	1056.69m³
800*1000	6	27.48m³
900*900	120	497.19m³
900*1300	2	13.77m³
1000*1000	75	422.21m³
1000*1200	4	23.62m³
1000*1300	3	22.42m³
1100*1100	14	68.08m³

<结构框架明细表>		
A	B	C
类型	合计	体积
1GL1	21	0.85m³
1GL2	42	0.89m³
2GL1	13	0.41m³
2GL2	84	1.68m³
2GL3	21	1.20m³
2GL4	10	1.09m³
200*500	768	165.02m³
200*600	239	74.49m³
200*700	11	10.44m³
200*800	86	86.20m³
200*1000	2	3.20m³
250*500	2	0.73m³
250*700	1	1.42m³
250*800	6	7.21m³
300*500	1	1.41m³
300*300	9	1.23m³
300*450	9	8.84m³
300*500	24	26.09m³
300*600	125	90.87m³
300*700	626	1086.96m³

(c) 明细表列举实例选择

图 5-90 土建构件明细表

（2）机电构件明细表

设置风管附件明细表如图 5-91 所示。

<风管附件明细表>	
A	b
族与类型	合计
HY-70℃矩形防	1
HY-70℃矩形防	242
HY-280℃矩形	5
HY-矩形止回阀	15
HY-矩形防火阀	2
VD-对开多叶调	6
ZP-消声器：Z	21
多联机-室内	228
电动多叶调节	1
电动多叶调节	53
电动多叶调节	19
电动多叶调节	6
电动多叶调节	3
电动多叶调节	1
管道式风机：E	1
管道式风机：E	1
管道式风机：S	1
管道式风机：S	1
调节阀-矩形-	4
调节阀-矩形-	2
调节阀-矩形-	1
调节阀-矩形-	1
调节阀-矩形-	1
过滤器-中效1：	1
防火阀-矩形-	2
静压箱：静压	1
总计：620	

(a) 风管附件明细表

<风管明细表>	
A	B
系统类型	长度
EAF(隔油间排)	143
EA(排风)	2521160
ESA(排风兼排)	677464
ESF(车库排风)	195560
FA(新风管)	3238144
MA(消防补风)	42739
PA(处理后新)	14137
RA(回风管)	62652
SA(送风管)	2214492
SEF(走道排烟)	11134
SE(排烟)	346592
SPA(正压送风)	392146
SSF(车库补风)	82801
厨房补风	18306
排风	73654
新风	859946
送风	546
总计：4746	10951613

(b) 风管明细表

图 5-91 机电构件明细表

第六章

BIM工程项目电气设计

第一节　BIM 照明设计（以 BIMSpace 平台为例）

一、房间类型管理

① 点击功能区的"强电"→"房间类型管理"，对不同类型的房间的照度值等标准值进行设定，见图 6-1。

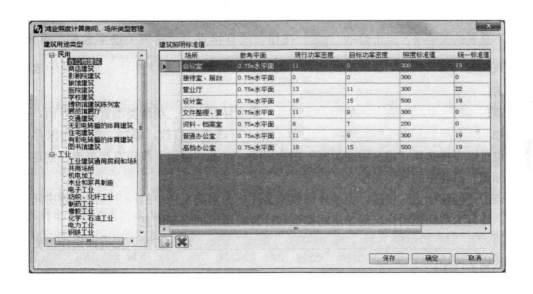

图 6-1　房间类型

② "建筑用途类型"为标准建筑分类，不可编辑。"建筑照明标准值"表中的数据可以进行修改、添加、删除。单击数据表中某一个单元格进行修改。点击 ▣ 新建一行信息，进行添加。

③ 选中数据表中某一行，然后点击 ▣ 进行删除。编辑完后，点击"保存"按钮保存修改的数据。

二、照明标记

① 点击功能区的"强电"→"房间照明标记",打开"创建房间照明标记"对话框(图 6-2),点击"创建标记"生成各房间的照明标记以便写入、存储照度信息。

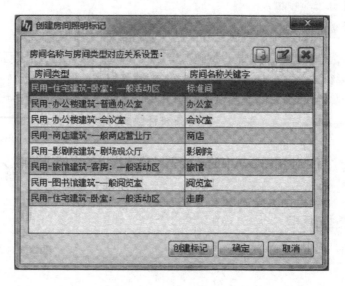

图 6-2　创建房间照明标记

② 首先进行房间名称与房间类型对应关系设置,点击"添加"(🖼) 按钮,直接在界面表格的下方添加一条新的对应关系,并且房间名称关键字处于编辑状态,可以输入与前面关键字不重复的关键字。

③ 点击"修改"(🖊) 按钮,或直接点击"房间关键字名称"单元格,可以直接进入编辑状态,修改房间名称关键词。点击"删除"(❌) 按钮,删除处于选定状态的房间记录。

④ 双击"房间类型"对应的单元格,弹出"照度计算房间、场所类型管理"界面,具体操作如"照度计算房间、场所类型管理"操作,可以进行修改、添加、删除和保存等操作,也可以直接选择"建筑用途类型"用途房间,点击"确定"按钮直接更改"创建房间照明标记"窗体中的房间类型。

⑤ 点击"创建标记"按钮,更新外部数据文件,为当前文档中的所有房间创建房间照明标记,并且为房间照明标记附加房间类型和计算时所需的全部信息。

房间名称与房间类型对应关系设置完成后,点击"确定"按钮,把前面操作都更新到外部数据文件中。

创建标记结果见图 6-3。

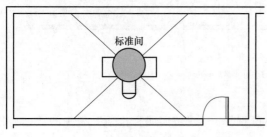

图 6-3　生成照明标记

三、照度计算

① 点击功能区的"强电"→"照度计算",打开"照度计算"对话框,见图 6-4。

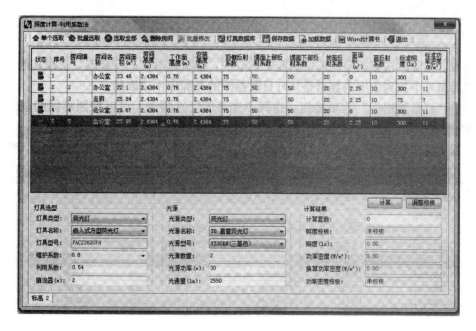

图 6-4　照度计算

② 添加房间照明标记的形式有"单个选取""批量选取""选取全部"三种形式。图 6-4 中使用"批量选取",选择了工程中的办公区域作为示例。

③ 关于选中的照明标记,房间照明标记中的数据会根据房间所处楼层分开放置。"计算状态"包含已计算和未计算两种状态。除"安装高度"参数外,表中数据均是从选择的房间照明标记对象上提取到的。

④ 照明标记中的数据,可按住键盘中的"Shift"或"Ctrl"键选择多条房间照明标记信息,点击"批量修改"按钮,在弹出的"批量修改"对话框中设置或修改参数值(例如可以统一修改工作面高度、安装高度及墙与地面的反射系数等)。打开的"批量修改"对话框如图 6-5 所示。

图 6-5　批量修改

⑤ 点击"灯具数据库"菜单按钮,选择"光源库"选项卡,可以按照不同的显示方式(光源类型和生产厂商)对光源信息进行修改、删除等操作;点击"保存"按钮,更新到外部数据文件中,见图 6-6。

⑥ 点击"灯具数据库"菜单按钮,选择"灯具库"选项卡,可以按照不同的灯具类型对灯具进行修改操作;点击"保存"按钮,更新到外部数据文件中,见图 6-7。

⑦ 点击"计算"按钮(图 6-4),计算出该房间达到要求照度所需要的灯具套数、实际照度、实际功率密度、换算功率密度,并自动与标准值进行校核校验该房间是否满足节能要求。若校核满足,则表示此次计算成功,修改计算状态为 ▦ ,同时赋值回对应的房间照明标记。

⑧ "保存数据"(图 6-4):将照度计算中的数据保存到以".ill"为扩展名的外部文件中。

⑨ "加载数据"(图 6-4):从磁盘中选择保存的照度计算数据文件(.ill 文件),将其加

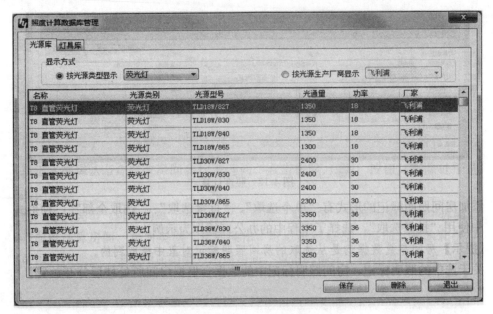

图 6-6　照度计算光源库管理

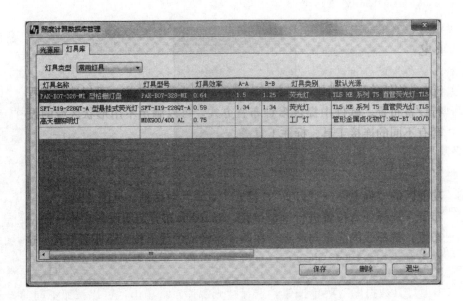

图 6-7　照度计算灯具库管理

载到"照度计算"窗口中。

⑩ "Word 计算书"（图 6-4）：将照度计算中的数据写入 Word 计算书。

第二节　BIM 强电系统设计（以 BIMSpace 为例）

一、灯具布置

① 点击功能区的"强电"→"灯具"，打开"灯具"对话框，见图 6-8。

② 选择任意位置进行单个布置，与 Revit 布置照明设备功能一致。

③ 选择线的起点与终点，在两个点构成的线上按间距布置灯具。这种布置方式适用于在走廊等长条状的空间进行灯具设备的布置，布置界面见图 6-9。

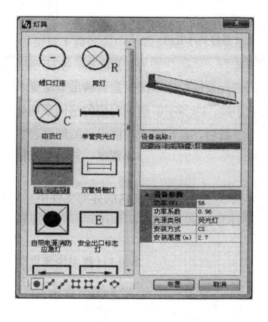

图 6-8　灯具布置　　　　　　　　图 6-9　拉线布置

④ 拉线布置绘制结果见图 6-10。

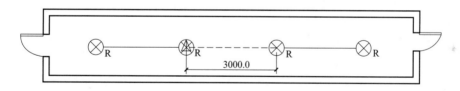

图 6-10　拉线布置绘制结果

⑤ 与拉线布置相似，选择线的起点与终点，在两个点构成的线上按数量均匀布置灯具。

⑥ 布置效果见图 6-11。

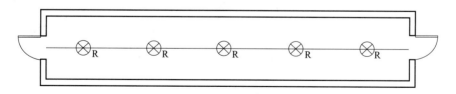

图 6-11　灯具均布效果

⑦ 选择两对角点确定一个矩形区域，在此矩形区域内按设定的行列间距或数量等参数进行灯具设备的布置。

矩形布置实例见图 6-12。

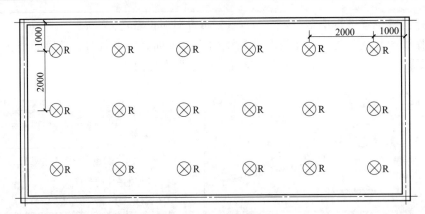

图 6-12　矩形布置效果

"弧线均布"与"扇形布置"的布置方式见图 6-13 与图 6-14。

图 6-13　弧线均布

图 6-14　扇形布置

布置效果见图 6-15 与图 6-16。

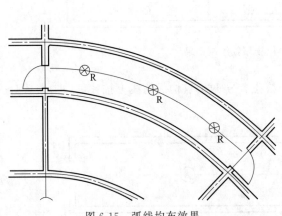

图 6-15　弧线均布效果

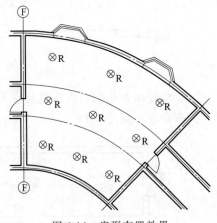

图 6-16　扇形布置效果

开关　　插座　　配电箱

图 6-17　其他设备的布置

二、其他设备布置

电气专业的其他各类设备的布置见图 6-17。

① 插座的布置包括"任意布置""拉线布置"与"拉线均布"三种布置方式，具体操作可参考灯具的布置方式。

② "HYBIMSpace 电气样板"已经自带有常用的电气视图与视图样板，在布置设备时，在对应的视图下进行操作即可。布置实例见图 6-18。

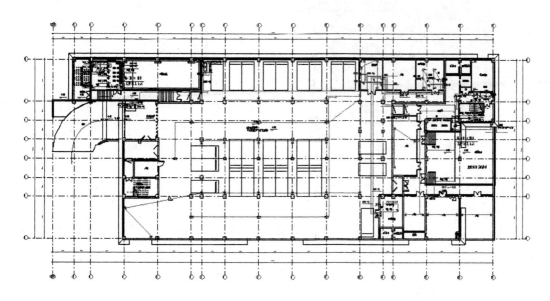

图 6-18　布置后的模型图

三、导线连接设备

"点点连线"与"设备连线"的功能界面是一样的，可在此界面设置连线所使用的导线样式、类型及保护管等参数，见图 6-19。

连线时，导线参数会写入到导线中以便出图标注。保护管的参数在通过导线生成线管（"线生线管"命令）时，会使用到该参数。

① 点点连线：依次点选两个设备，软件会自动进行导线连接。可循环选择设备进行连续的导线连接。

② 设备连线：框选多个设备，软件自行分析位置，自动进行所有设备间的导线连接。

图 6-19　设备连线设置

四、箱柜出线

①"箱柜出线"功能为导线连接的一个辅助功能，主要是为了应对使用"点点连线"与"设备连线"连接配电箱时，导线分布不均或因为使用了自行制作载入的配电箱族而出现的连接位置不对的情况。

② 点击功能区的"强电"→"箱柜出线"命令，打开"箱柜出线"对话框，见图 6-20。

③ 设定出线长度、数量，可选择指定出线间距或者平均分配出线间距，"导线"按钮可对出线进行导线类型等信息的设定，设定完毕后，单击"确定"即可完成。箱柜出线效果见图 6-21。

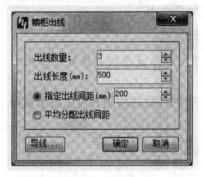

图 6-20　箱柜出线设置

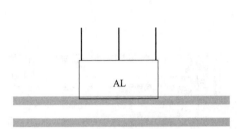

图 6-21　箱柜出线效果

五、导线调整

1. 导线连接

该功能目前只能在 Revit2015 平台下使用（由于 Revit 的限制所致）。点击功能区的"强电"→"导线连接"，先选择基准导线，再选择第二根导线即可。功能示意图见图 6-22。

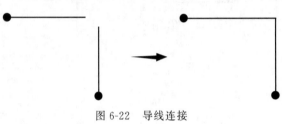

图 6-22　导线连接

2. 导线转正

点击功能区的"强电"→"导线转正"，选择需要转正的导线，软件会将所选导线自动调整到正交，见图 6-23。

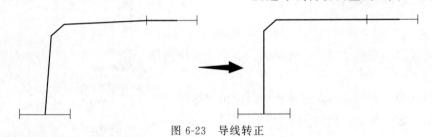

图 6-23　导线转正

导线连接后实例图见图 6-24。

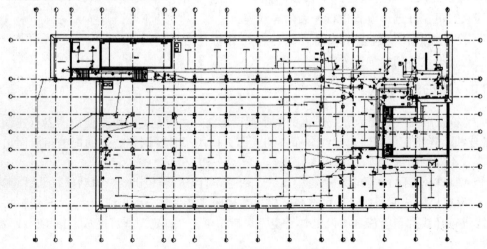

图 6-24　导线连接后的模型图

六、电气标注

1. 灯具标注

点击功能区的"标注出图"→"灯具标注"，打开"灯具标注"对话框，见图 6-25。在此对话框中可以选择标记样式、标注方式，选择要标注的灯具设备，指定标注位置。标注效果见图 6-26。

图 6-25　灯具标注设置

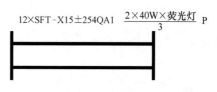

图 6-26　灯具标注

2. 配电箱标注

点击功能区的"标注出图"→"配电箱标注"，打开"配电箱编号标注"对话框，见图6-27。

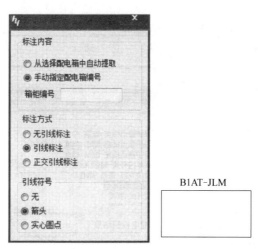

图 6-27　配电箱标注

3. 导线标注

点击功能区的"标注出图"→"导线标注"，打开"导线标注"对话框，见图 6-28。

4. 根数标注

点击功能区的"标注出图"→"根数标注"，打开"导线根数标注"对话框，见图 6-29。在此对话框中依次选择导线，自动进行标注。可随时更改界面中的"导线根数"对后续的导

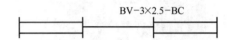

图 6-28　导线标注

线进行更改后的根数标注。标注效果见图 6-30（2 根与 4 根实例）。

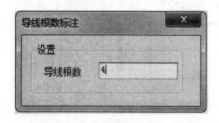

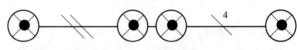

图 6-29　根数标注设置　　　　　　　　图 6-30　根数标注

5. 桥架电缆标注

① 点击功能区的"标注出图"→"桥架电缆标注"，打开"桥架电缆标注"对话框（图 6-31），在界面中选择标注方式，并在自定义标注内容中，使用"添加"按钮，增加需要标注的内容。

② 在图面选择需要标注的桥架，再选择标注点，即可完成标注。标注效果见图 6-32。

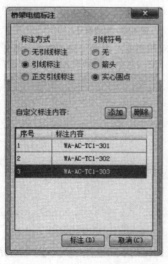

图 6-31　桥架电缆标注设置　　　　　　　图 6-32　桥架标注

6. 引线符号

① 点击功能区的"标注出图"→"引线符号"，打开"引线符号"对话框。

② 在界面中选择需要加入的引线箭头符号，在图面选择插入点即可，见图6-33。

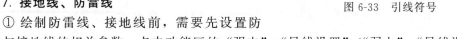

图6-33　引线符号

7. 接地线、防雷线

① 绘制防雷线、接地线前，需要先设置防雷线与接地线的相关参数，点击功能区的"强电"→"导线设置"（"弱电"→"导线设置"，"线管桥架"→"线管设置"或"桥架设置"均可），选择"防雷接地线"一项（图6-34）。

② 在此界面内设置防雷线的支撑卡子的间距和接地线接地极的间距。设定完毕，可直接使用"标注出图"→"接地线"与"防雷线"功能，在项目中直接绘制（图6-35）。

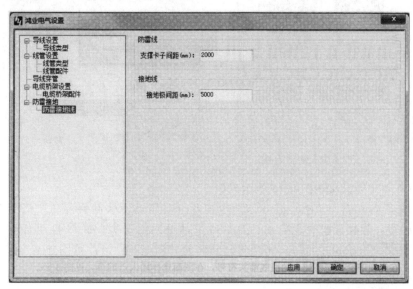

图6-34　防雷线与接地线设置

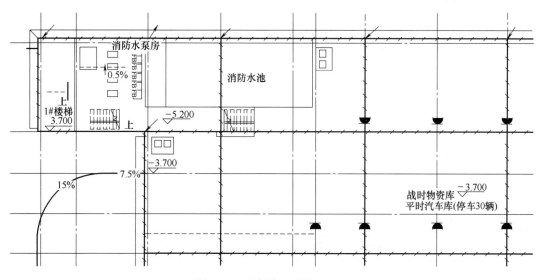

图6-35　绘制接地线与防雷线

第三节 BIM 弱电设计（以 BIMSpace 平台为例）

一、温感烟感布置

① 消防探测器布置界面见图 6-36。在该界面可选择需要布置的探测器类型及布置方式。

② 选择任意布置，出现图 6-37 所示界面。在图面选择需要布置的位置即可。

图 6-36 消防探测器布置

图 6-37 任意布置

③ 选择自动布置，出现图 6-38 所示界面。

④ 设定完毕，在图面依次点选矩形范围的两个对角点，软件会自动在范围内按照自动计算的最大间距（根据保护半径自动计算）或手动输入的最大间距来自动布置探测器，见图 6-39。对于探测器的保护范围，可通过功能区的"弱电"→"清除范围预览"来取消显示。

图 6-38 自动布置

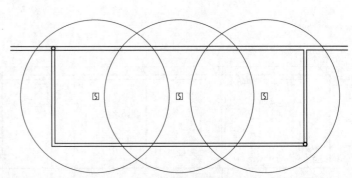

图 6-39 布置效果

二、其他设备布置

电气专业的其他各类设备的布置如图 6-40 所示。

探测器 消防报警 广播 通信 有线电视

图 6-40 其他设备布置

第四节 ## 第四节　BIM 线管、桥架设计

一、线管标高设置

点击"线管标高"命令，框选需要修改标高的线管，点击 Revit 选择集的"完成"按钮后出现图 6-41 所示界面，设定标高后，点击界面上的"确定"按钮，即可修改所有选择的线管标高。

图 6-41　线管标高设置

二、设备接管

线管主管的一侧（同在一直线上）有两个照明设备，点击"设备接管"命令，选择线管主管，再框选需要连接的两个照明设备，点击"完成"按钮即可自动连接，连接效果见图 6-42。

三、线管连接

当出现水平线管与竖直线管的三通连接时，连接的三通线盒会出现方向性的错误，见图 6-43。

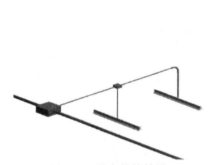

图 6-42　设备接管效果

图 6-43　线管连接

① 点击"强电"→"导线设置"（"弱电"→"导线设置"，"线管桥架"→"线管设置"或"桥架设置"均可），选择其中的"线管配件"一项，见图 6-44。

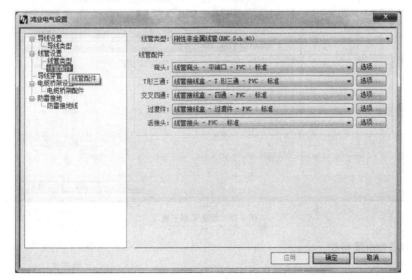

图 6-44　线管设置

② 选择需要修改的线管类型，点击"T形三通"一行后面的"选项"按钮，界面见图 6-45，在界面中选择可进行三维接管的三通后，点击"加载"按钮，加载入项目，在图 6-44 所示的界面中选择即可，见图 6-46。

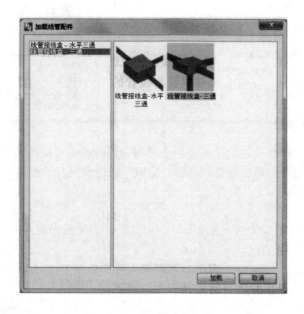

图 6-45　加载线管配件

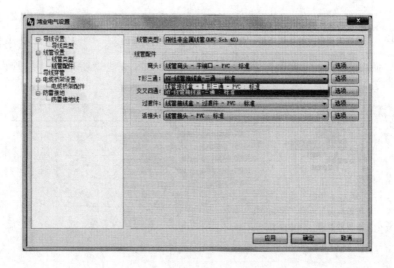

图 6-46　设置 T 形三通

四、电缆桥架

桥架设置与线管设置类似，图 6-47 所示为某工程中的桥架。

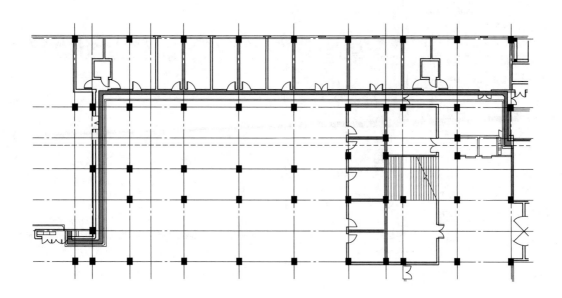

图 6-47　布置桥架效果

第五节　Revit 电气模型创建

一、照明灯具创建

① 单击"系统"命令栏→"电气"选项卡→"照明设备"命令进行灯具布置，如图 6-48 所示。

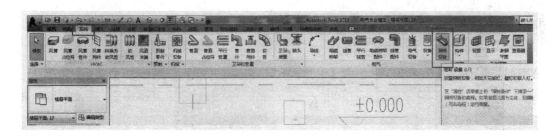

图 6-48　照明设备布置命令

② 在照明设备属性栏中选择需要插入的照明设备族，"偏移量"表示需要布置照明设备的高度，在这里选择为"3700mm"，如图 6-49 所示。

③ 设置完成后，点击需要布置的照明设备的位置进行布置，如图 6-50 所示。

④ 选择布置完成的一排照明设备，复制其他照明设备。在复制时，要注意复制设置，"约束"是保证在 X 轴和 Y 轴的方向上为正交，"多个"是可以同时复制多个目标数量。

⑤ 绘制完成后，保存文件，如图 6-51 所示。

图 6-49 照明设备属性栏

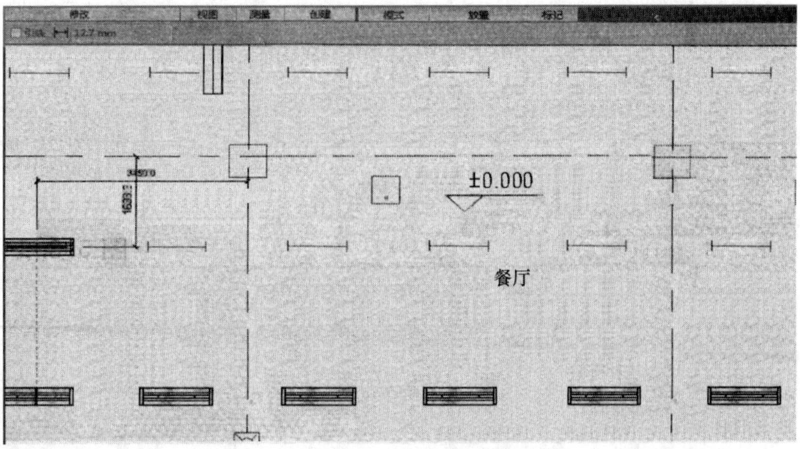

图 6-50 布置照明设备

图 6-51 照明设备三维效果

⑥ 单击"系统"命令栏→"电气"选项卡→"设备"命令中的电气装置进行开关插座布置，如图 6-52 所示。

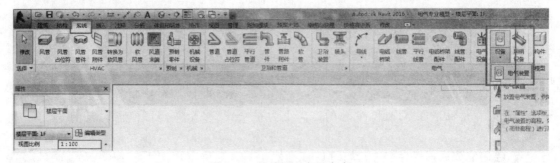

图 6-52 开关插座布置命令

⑦ 在开关插座属性栏中选择需要插入的插座族，"偏移量"表示需要布置开关插座的高度，在这里选择为"300mm"，如图 6-53 所示。

⑧ 设置完成后，进行开关插座的绘制，具体绘制方法同照明灯具，这里不做具体操作，完成后保存文件，如图 6-54 所示。

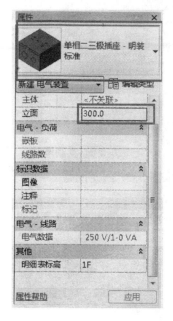

图 6-53　插座族属性栏

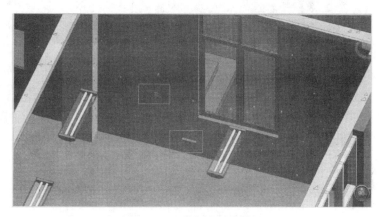

图 6-54　开关插座三维效果

二、链接 CAD 底图

① 单击"插入"命令栏→"链接 CAD"进行 CAD 底图的链接，如图 6-55 所示。

② 选择需要的 CAD 底图，颜色控制选项可以选择"保留"，也可选择"黑白"，一般选择"保留"较好，导入单位选择"毫米"，如图 6-56 所示。

③ 链接 CAD 底图后，把 CAD 底图移动至正确位置（与 Revit 轴网重合），然后锁定，如图 6-57 所示。

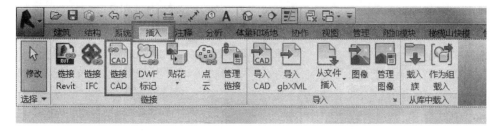

图 6-55　链接 CAD

三、电缆桥架创建

① 单击"系统"命令栏→"电气"选项卡→"电缆桥架"来进行电缆桥架绘制。

② 在属性栏中选择"带配件的电缆桥架 电缆桥架"，"宽度"选择 300mm，"高度"选

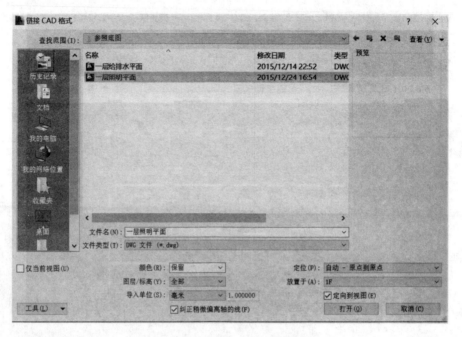

图 6-56 链接 CAD 底图控制

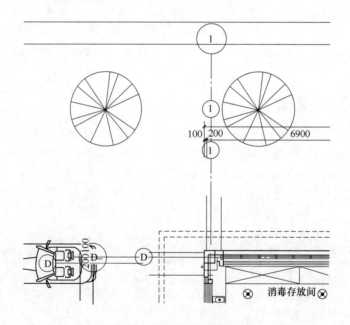

图 6-57 移动至正确位置

择 150mm，"偏移量"选择 3500mm，如图 6-58 所示。

③"对正选择"中"垂直对正"选择"底"。一般电缆桥架选择底部对正较好，因为在变径时，底部对正对于电缆或电线施工较为容易。

④ 电缆桥架按照点击的方式进行绘制，如图 6-59 所示。

⑤ 当电缆桥架垂直交叉时应当进行避让，如图 6-60 所示。

⑥ 点击需要修改的电缆桥架，单击"拆分"命令对电缆桥架进行拆分。

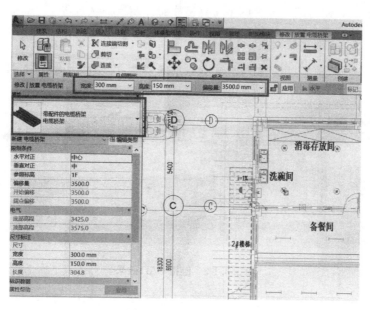

图 6-58　电缆桥架设置

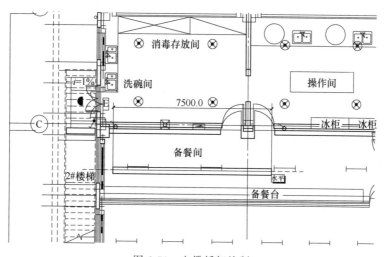

图 6-59　电缆桥架绘制

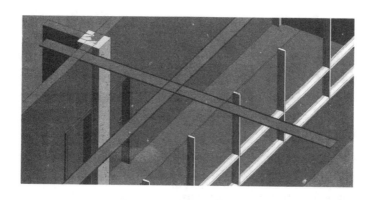

图 6-60　电缆桥架交叉效果

⑦ 删除拆分点，使桥架断开。调整需要避让的桥架到新的标高。

⑧ 回到平面视图，点击电缆桥架的一个端点进行拖拽操作。拖拽到需要连接的部位进行电缆桥架连接。

⑨ 如果需要精确控制连接的角度，那么必须回到平面视图建立一个剖面视图进行操作，可单击"视图"命令栏→"剖面"进行创建，如图 6-61 所示。

图 6-61　创建剖面视图

⑩ 剖面视图创建后，需要进行一些一般性设置，即点击按钮 ⇄ 进行视图方向的转换，点击按钮 ◀▶ 进行视图可见距离的控制。

⑪ 右键点击剖面视图，点击"转到视图"选项进入剖面视图。点击需要连接的电缆桥架的一端，右键点击"拖拽"按钮，出现选项菜单，点击"绘制电缆桥架"，如图 6-62 所示。

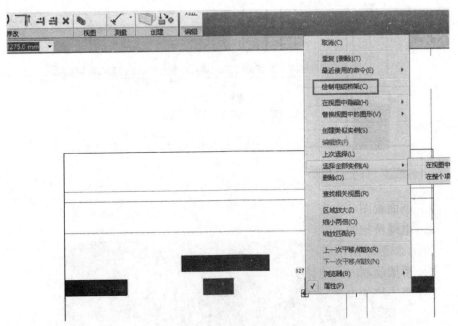

图 6-62　进行连接绘制

⑫ 进行电缆桥架绘制时，应选择需要的角度进行，如图 6-63 所示。

⑬ 然后把需要连接的电缆桥架全部进行绘制连接，完成避让操作，如图 6-64 所示。

技巧提示：橄榄山快模有"智能翻弯"功能，只需要管道翻弯的起点和终点位置，程序可以按照给定的翻弯方向、翻弯净距、倾斜角度等参数对水管、桥架、风管、线管等进行自动翻弯。还可对一排平行管道批量处理翻弯，翻弯效果整齐美观。点击"模型深化"→"机电工具"→"智能翻弯"就可以启动这个命令，然后按照软件操作。

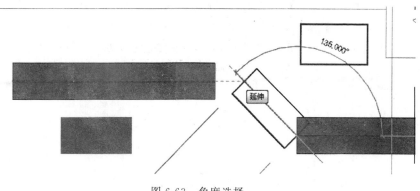

图 6-63　角度选择

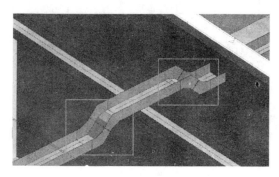

图 6-64　连接三维效果

四、某项目 BIM 电气设计应用案例

1. 概况

此公寓项目建筑面积 $10410m^2$，地上 5 层，建筑高度 20m；食堂建筑面积 $4768m^2$，地上 2 层，建筑高度 14m。从理论上讲，信息模型可以直接用来指导建筑施工。但是，现阶段的市场交付标准仍需要将三维模型转化为施工图设计标准的二维图纸。本次设计的最终成果不仅包括建筑、结构、设备、电气全专业配合的三维信息模型，也包括符合各专业现行施工图设计深度的平面图纸。电气专业在此次设计中，完成照明、电气、弱电、消防各系统的平面图纸以及配电间大样图的绘制，特别对公共区域的电气管线进行了具体的综合排布，展现出实际施工完成后的状态，完成最终电气设计模型。

2. 软件选择

目前 BIM 核心建模软件主要有 Autodesk 公司的 Revit 系列软件；Bentley 公司的 Bentley 系列软件；Graphisoft 公司的 ArchiCAD 软件及 Dassault 公司的 DigitalProject 软件。在民用建筑设计中，Revit 系列软件因其能较好满足建筑设计特点且全专业配套而得到广泛的应用。本次项目设计，各专业统一采用 Revit2013 中文版软件进行设计。

3. 前期准备

（1）电气族的制作

"族"作为 Revit 中最基本的元素，是构成项目的基础。Revit 系列软件中自带的电气族按照美国标准制作，不满足目前国内的电气制图标准，并且族库内的族式样过少，难以支撑项目。因此在正式开始项目之前，要根据项目的需求制作所要使用的电气族文件。电气设备、电气桥架、电管、导线、标注等都是不同类型的族，电气族在二维平面图上既要满足国标的制图标准，在三维模型上又要符合事物的实际样貌，还需赋予尺寸、性能、负荷类型、光源参数等一系列属性参数。电气专业的族，类型数量比较庞大，同时族所带属性参数的设置也关系到后续的电气计算、系统创建以及模型效果的渲染（例如空间的灯光效果），因此在制作过程中需耗费大量的时间和精力。图 6-65 是本次制作的部分电气族的二维及三维图片。

名称	二维	三维	名称	二维	三维
应急疏散指示标志			暗装单联单控开关		
安全出口标志	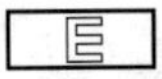		二三孔安全插座	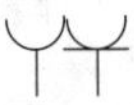	
单管格栅荧光灯		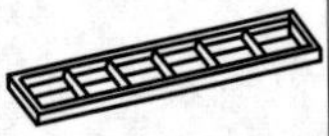	信息插座		
带火警电话插孔的火灾自动报警按钮			感烟探测器		

图 6-65　部分电气族的二维及三维图片

（2）工作方式的选择

目前 BIM 设计的工作方式通常有两种：一种是多专业共用设计模型协同设计，这种方式由于参与项目的所有设计人员全部在一个模型中完成各专业内容的设计，因此即使是小型项目，对计算机系统配置及网络环境要求也非常高；另一种是各专业单独建立设计模型，通过互相链接、复制/监视等方式来达到协同设计，对于小型项目，目前主流的计算机配置和网络基本能够承担设计要求。根据现有条件，本项目选择第二种工作方式。电气专业的工作模式采用"本专业中心文件＋链接其他专业中心文件"，按电气系统划分工作集，见图6-66。工作集是在 Revit 当中出现的一个新概念，它是一个权限的概念，多人在同一设计模型中操作，每人仅可以对具有权限的工作集进行编辑，避免工作中出现混乱，当有需要时可以借用权限或者根据需要随时创建新的工作集。

4. 设计过程

（1）模型的建立

① 中心文件。在准备好电气族库，选择好工作方式之后，就可以开始正式的设计工作了。首先是链接建筑专业模型，建立电气中心文件，创建好之后放置在公共服务器上。

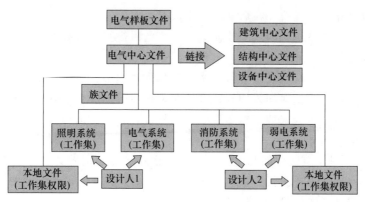

图 6-66　电气工作方式示意图

② 本地文件。每个电气设计人需要在本地计算机上创建一个自己的本地文件。本地文件相当于中心文件的一个副本，设计人在本地文件上进行与个人相关的工作集、楼层平面等参数设定，进行各种设计绘图和操作，并通过实时同步中心文件将本地文件上的所有新内容同步到中心文件中，同时将中心文件上其他设计人的新内容同步到本地文件中，这样就实现了实时共享，协同设计。

（2）模型设计（绘图）

BIM 与传统的建筑设计根本的不同在于从二维的平面转变为三维的模型，因此在用 Revit 绘图的时候也有二维平面和三维模型两种绘制状态。通常情况下，我们与使用 CAD 一样是在二维平面中进行电气布点、连接管线、各种标注，在这个过程中可以随时切换到三维模型窗口进行观察，可以见到各种电气设备与管线在模型空间中的实际位置与样式。绘图的具体操作方法这里不再叙述，下面是 Revit 在绘图过程中与现有二维绘图方式差别较大的一些地方。

① 布点。在 Revit 中，我们也按照楼层来划分平面，在各平面中布点的时候，电气设备除了平面中有确定位置外，在剖面（图 6-67）中还会有一个确定高度，这对于三维空间来说是非常重要的，它决定了设备在空间中的最终位置。在制作族的时候可以直接给每种电气设备族设置默认高度，也可在模型中放置时调整。

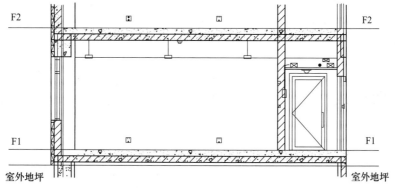

图 6-67　房间及走道剖面图

② 管线。Revit 中，电气管线有两种：一种电气桥架和电管，另一种是导线。电气桥架和电管与电气设备一样具有真实的样貌与尺寸参数，能够在二维平面和三维模型中显示；而导线则具有线缆的各种参数，能够显示在二维平面中却无法在三维模型中显示。由导线连接

的电气设备可以创建电气系统，在后期还可生成配电盘明细表；但电气桥架和电管连接的电气设备则无法生成电气系统。因此当绘制电气管线的时候我们就有不同的选择，可以根据所需的项目成果来选择。例如本工程中，电气干线采用电气桥架和电管来绘制，这样在最后的三维模型中就能够很清楚地展现出电气干线桥架和管的规格、位置、路由，并方便后期与设备专业进行管线综合；末支线则采用导线来绘制，这样较用管来绘制更快捷、更适于输出平面施工图纸，并可自动生成末端配电盘系统。当然设计人也可以选择整个项目全部使用电气桥架和电管或全部使用导线。

③ 剖面绘图。对于电气桥架和电管，仅在平面中绘制有时难以表示清楚竖向的位置和相互关系，在 Revit 中可选取平面中任意位置转到此位置的剖面，在剖面图中可方便地绘制调整竖向电气管线及与电气设备的连接。

④ 电气系统。在现在的施工图中，强弱电干线系统图、配电盘系统图的表示方法是一种示意性的表达方式，目前的 Revit 软件中不具备绘制此种示意性图纸的方法，不能够绘制强弱电干线系统图，而它的配电盘系统（包括强电和弱电）是用配电盘明细表来表示的。图 6-68 为学生公寓房间配电盘明细表。

分支配电盘：AS

位置：		伏特：220/380星形			A.I.C.额定值：32
供给源：		相位：3			干线类型：
安装：暗装		导线：4			干线额定值：
配电箱：UL94 V-0					MCB额定值：

注释：

回路编号	回路类型	导线	断路器	跳闸	极数	A	B	C
1	照明-居住单元	BYJ 3×2.5	S201-C	16 A	1	80 W		
2	插座	BYJ 3×2.5	GS201-C	16 A	1		900 W	
3	空调插座	BYJ 3×2.5	CS201-D	16 A	1			
4								1 000 W
				总负荷：		80 W	900 W	1 000 W
				总安培数：		0 A	5 A	5 A

图例：

负荷分类	连接的负荷	需求系数	估计需用	配电盘总数	
照明-居住单元	80 W	100.00 %	80 W		
插座	1900 W	100.00 %	1900 W	总连接负荷：	1980 W
				总估计需用：	1980 W
				总连接电流：	3 A
				总估计需用电流：	3 A

注释：

图 6-68　学生公寓房间配电盘明细表

5. 碰撞检查

碰撞检查是 BIM 中一个很实用的功能，通过这个功能可以检查出建筑模型中存在的一些我们没有发现的专业内部或专业之间的设计冲突。对于电气专业来说，在和设备专业进行管线综合时，可以通过对两个专业的管线进行碰撞检查自动发现管线冲突、显示冲突位置并及时调整。同一个模型内的碰撞检查可以通过 Revit 软件自身所带此功能进行，不同模型的碰撞检查（例如一个大型项目由于硬件限制而分成几部分建模）也可以采用专门的 BIM 模型综合碰撞检查软件来进行，常用的有 Autodesk 公司的 Navisworks 软件；Bentley 公司的 Projectwise Navigator 等。

6. 出图和发布

Revit 提供多种发布方式，包括图纸打印，导出 DWG、DWF 及 JPG 格式文件等。模型完成后即可创建所需图纸，并自动生成项目的图纸目录、设备明细表。

7. 模型成果

本项目在设计完成后，得到电气三维设计模型，见图 6-69、图 6-70，图中可见全部电气设备与电气各系统干线桥架和电管，真实地模拟了建筑建成后的电气情况。

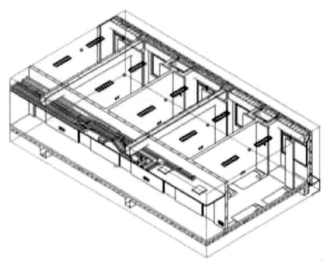

图 6-69　食堂三维电气设计模型（全景透视）

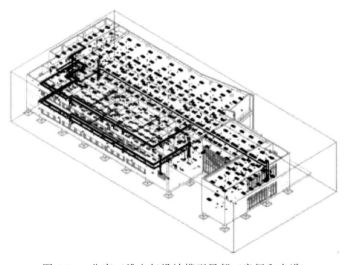

图 6-70　公寓三维电气设计模型局部（房间和走道）

第七章

BIM与整合设计

第一节　BIM 实施及整合设计的意义

一、BIM 实施中的问题及利好

BIM 流程是没有规定的，一定程度上是因为这种方法是新的，同时也因为这需要所有利益相关者共同工作。建筑师应成为一个值得信赖的顾问，告诉业主什么是 BIM 以及它会给流程和利益相关者带来怎样的效益。正是因为这个原因，在全面应用程序之前提前做好功课是很重要的。新的软件只是建筑信息建模的一个方面——确保使用者理解这种新方法对整个建筑生命周期带来的挑战（图 7-1）。

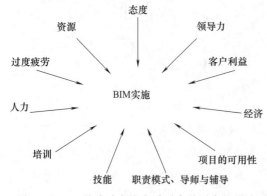

图 7-1　BIM 的成功实施会受到多种因素的影响

第一次开始用 BIM，特别是只有一两个人负责项目时，BIM 文件的大小是可控的，很可能会依靠现有的硬件来支持这个工作。一旦有人加入团队中——内部人员或者也在用 BIM 模型工作的顾问和工程师——根据文件的大小，还会发现需要增加系统内存。

实施 BIM 带来了生产率的巨大提升。从商业角度看，投资回报率是一方面，同样重要的是让公司内其他人看到生产率的提高。为了实现生产率的提高，必须确认在 BIM 中工作的人对建筑的建造过程有所理解。这就需要更多的培训，但假以时日就会看到这个以知识为基础的投资回报率，一旦进入（之前的）施工图阶段，资金方面的投资回报率就会实现。根据项目大小，原来 16 周到 18 周的时间可能要缩短为 4 周到 5 周。这将有社会和经济方面的影响，尤其是对于那些至今工作一直集中在项目交付后期的人。另外，如果按照现在用 CAD 工作的时间框架，设计师会有更多的时间来设计。举个例子，我们假设有 32 周的 CAD 工作时间：8 周初步设计（SD）；8 周扩初设计（DD）；16 周施工图设计（CD）。现在，对比用 BIM 工作的 24 周：12 周初步设计（SD）；8 周扩初设计（DD）；4 周施工图设计（CD）。客户或者业主仍然希望能用 20 周来完成最初需要 32 周的工作，并坚持要求用 8 周做 SD，这时就体现出设计师说明、解释和证明获取更多信息并尽早做出决定的重要性的能力。

关于在 BIM 的实施中损失了多少时间和生产率之间的关系，一项研究曾这样描述："最近关于 Revit 用户的在线调查表明，虽然在最初培训阶段平均有 25％到 50％的生产率损失，但许多 Revit 新用户只用了三四个月就达到了与之前设计工具相同的生产率。根据这一统计，使用 Revit 带来的长期生产率提升从 10％到超过 100％。超过一半的被访者表示整体生产率增加了不止 50％，接近 20％的人认为生产率增加超过了 100％。虽然每个用户的结果不同，但认为 BIM 会降低生产率只是短视的想法。"

很少有设计专业人士考虑过当初启用 BIM 的积极社会效益，但 BIM 模型的可视化促进了团队内部以及与业主的交流，确保设计师表达了想表达的内容——剖视图、渲染图或观众视角的鸟瞰图，并问问自己他们想要的是什么内容。

BIM 的实施不只是增加了与业主交流的机会，随着沟通的增加，各专业间的协调工作也会增加，确保交换与分享的信息具有可读性和互用性，能增加沟通并加快设计过程。

二、AutoCAD 与 Revit 的区别

AutoCAD 就像是用电脑画图，而 Revit 则像是建立模型。它们是两个不同的技能组合，并且运用方式也不同。AutoCAD 铁杆用户的问题是，他们试图在 Revit 中继续做 AutoCAD 所做的事情，因此他们最终将 Revit 简化为一个制图工具。他们真正需要的是，认识到 Revit 是一个建模工具，一种虚拟建筑工具。

三、整合设计的意义

一个项目需要很多的设计层（图 7-2）——结构、景观、管道、数据、供暖、制冷、安保、电力、照明、控制和可访问性等。层的数量和它们之间复杂的相互作用提出了对一个整合的设计方法的要求，此时需要 BIM 来进行整合。

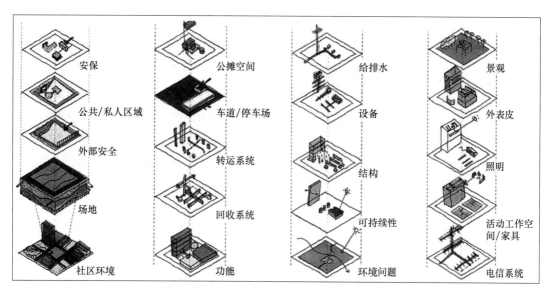

图 7-2　设计层（图片来自 BNIM Architects）

存在了几个世纪的、相同的、传统的设计条件，例如：①施工现场的实际情况；②设施的可用性；③符合建筑规范和地方法规；④尊重环境法规和要求；⑤预算。上述系列约束要求团队人数越来越多，每个人负责他们专长的信息和解决方案。个体的知识的深度本身不成问题，但如果从分散来源收集的信息没能有效地整合，那就有问题了。

如果我们要理解并在整合的基础之上建造——自然和人的本性之间的整合，建筑和自然环境之间的整合——那就需要重新思考我们对设计和施工实践的态度。所以，团队拥有更多知识和信息，而不是个人。为了获取需要的知识，就要走向整合设计实践，其包括业主团队、设计和施工团队以及整个社区，从而创造一个更加整体的设计和更加全球化的解决方案。

四、项目建设模型

1. 设计—招标—施工

设计—招标—施工是一个建筑师们采用了几十年的文档流程。设计—招标—施工在设计阶段阻止了承包商的参与或其与业主及项目团队的互动。正如名字一样，建筑师和顾问设计项目然后发送给一批相互竞争的承包商。业主在项目预算和承包商声誉之间权衡，最终做出选择。承包商一旦竞标获胜，就会加入项目团队开始施工。

设计—招标—施工流程最初是为了帮助业主获得承包商最低廉的价格的手段，以此来节约成本。随着时间的推移和建筑产业复杂度的增加，设计—招标—施工这种方式制造了一些设计和施工团队之间的敌对状态。承包商无法在早期介入设计过程来提供其关于可施工性的专家意见，导致设计团队只能猜测在项目中传达设计意图所需要的细节程度。设计团队如果没有经验丰富、沟通紧密的预算师，同样也会为如何在预算范围内进行设计而很伤脑筋。

理论上讲，设计—招标—施工作为一个流程并未把自身设定成一个与可持续解决方案相关联的整合方法。

例如某项目团队所面对的挑战是要在不增加成本的情况下，设计一个能够创造可持续发展新标准的办公楼，专注于能源效率、健康工作场所以及资源管理工作。每个决策都在一个高度整合的设计环境中解决多专业问题。从设计阶段开始高度协作，并在金级相应认证后与新加入的承包商继续深入合作。项目的效果超出了业主预期的目标，而且在自然资源部的标准预算之内。

本项目成功的一些因素如下。

① 整合设计。为了在有限的预算内实现铂金等级，并且还没有承包商在设计阶段介入，设计团队内部的高度协作是平衡项目经济和环境两个方面所必需的。

② 合作。业主、住户和设计师之间高度的热情与合作——由专家研讨会和社区拓展支持——是促进一个"能做"精神的关键。此精神激励着热切的施工团队，他们很努力地去为项目获得额外的分数，做得比预先设定的目标还要好，尽管设定目标时他们没在场。

③ 设计。建筑形式、朝向、围护和系统被整合起来从而最大化全部工作场所的能耗表现，最优化采光、视野和热舒适。该设计比基准建筑的能源利用效率高 60%。每个空间中的可操作窗户减少了对机械通风系统的依赖。地板下空间允许住户控制热舒适。采用的建筑材料，如地毯、油漆、塑封剂和胶黏剂，仅含有极少的挥发性有机成分（VOCs）。

④ 资源用量。85% 的材料来自一个垃圾堆的老结构。75% 的新材料来自 500mile（1mile＝1609.344m）半径范围内。通过与某政府机关的职业进取计划合作，设计团队重新设计了该州标准系统家具，使其兼容绿色环保协会标准。联合的努力改变了计划中未来项目的实践。新的场地规划将所有雨水收集到生态湿地、分层撒布机（Level Spreader）以及本地植被之中。一个 189t 的水箱用于收集雨水再利用。无水小便器和低水量设备进一步降低了可饮用水的用量。前 13 个月节约了 1530.9t 水资源。

2. 协商担保最高价格

协商担保最高价格（GMP）交付方法的目标是通过为即将施工的建筑设定一个最高价来限制施工价格。这让业主比较舒服，因为他们将在设定的价格范围内完成一个项目，当然，除非有协商所基于的文档之外的变更。在担保最低价格方案中，业主仍然是分别雇佣设计和承包商，但承包商能够在设计早期介入，从而为协作和团队承诺提供更好的机会。

例如，位于阿肯色州小石城的 Heifer 国际中心，是 GMP 建设交付方法的一个范例。该项目开发面积达 22 英亩（1 英亩＝4046.864798 平方米），位于小石城市区东部被美国环保署划为"棕色地带"的地区。第一期工程为占地面积 9.4 万平方英尺（1 平方英尺＝0.092903 平方米）的办公楼。近年来，该办公楼先后荣获了"2007 年度美国建筑师学会（AIA）委员会十佳环境工程奖"和全美国著名的"2008 年度美国建筑师学会荣誉奖"。该项目于 2006 年完工，并获得了美国绿色建筑委员会 LEED-NC 铂金认证。项目团队包括 BNIM 建筑事务所的咨询事业部"Elements"，其作为 PSRCP（Polk Stanley Rowland Curzon Porter）建筑事务所执业建筑师的可持续设计顾问。图 7-3 是完工后的项目实景，项目成本为 190 美元/平方英尺，不含土地费用。该项目团队的成功，主要归功于业主的承诺。

图 7-3　阿肯色州小石城 Heifer 国际中心（图片来自 Timothy Hursley）

业主承诺的具体例子是，要求回收利用 97%（以重量计）的现有 13 座建筑物和相应的现场铺路材料。首先清理了所有的危险部分，然后利用了建筑物的可回收利用材料，如砖头等，最后把其余部分材料分别交给工人、承包商和社区来回收建筑材料。这样一来，建筑物就剩下了砖石墙、水泥地面、钢结构、一些不可回收的墙壁和屋顶材料。清除了不可回收利用的材料并回收钢材后，项目组在社区内找到新的拆迁公司，在现场将剩下的混凝土和砖石材料等粉碎。粉碎后的材料可以用于现场孔洞的填充，用不完的出售到其他施工现场。

还有一个例子是，对水资源利用做出的努力，带动了整个团队思维和协作。项目组打造了一个除了厕所污水外，所有现场水资源零流失的项目。

最先表现了对水资源极度重视的是停车场中利于雨水渗入的透水路面系统。多余的水进入当地生态湿地过滤，并最终被存储在沉积池中。沉积池里的水在重力作用下，自流进入环绕建筑物的人工湿地，蜿蜒穿过项目所在地，为生物创造新的栖息地。项目完成后几个月，鸭子和其他野生动物搬进湿地。3万平方英尺的屋顶上的雨水，被收集在一个5层高、容量达158.76t的水塔内。这部分水被补充到一个单独的用于存储盥洗室和空调冷凝水的灰水储存罐中，这些存储罐再向厕所和冷却塔供水，这部分供水量约占项目用水总量的90%。

3. 设计—建造

最近几年，"设计—建造"交付方法备受欢迎。事实上，设计—建造法的合作伙伴，包括设计者和建造者，共同受到与业主签订的合同的约束。在前面给出的两个例子中，设计团队和承包商都是独立的实体。采用设计—建造方法，设计师和承包商并不需要是同一家公司，但其目标是创造一个更加统一的团队。

图7-4 Sunset Drive办公楼
（图片来自Brad Nies）

例如设计—建造法的典型成功案例是位于堪萨斯州奥拉西市的Sunset Drive办公楼（178美元/平方英尺）。采用设计—建造法，该楼由堪萨斯州约翰逊县的Mccown Gordon建筑公司建造，占地面积约127000平方英尺，约翰逊县的7个部门在里面办公。该项目竣工时，获得了美国绿色建筑委员会LEED-NC金级认证（图7-4）。项目组利用整合的团队，将承包商、设计师、顾问和分包商在项目初期就聚集在一起。项目组的这种整合方法，使得建筑的承包商和分包商能够对设计理念进行现场分析。这种整合过程注重早期阶段的成本和可施工性分析，以减少重新设计，并寻找创造性的方式来抵消部分更昂贵的项目支出。

团队工作方法的一个例子是设计过程中设备、电气、给水排水（MEP）分包商和MEP工程师的整合。他们一起评估设备和控制系统，以最大限度提高效率，但仍维持预算水平。另一个例子是钢结构承包商建议改变结构网格间距，显著节约材料成本。钢材方面节约下来的资金可以投资到更高效的MEP系统。由于过程中分包商的早期参与和加入，效果就好多了，并且利用再生和本地制造的材料更容易实现LEED目标，现场回收也更容易实现。

4. 一站式交付方式

从上述例子中可以看出，从项目成果的角度来讲，与项目团队协作、组织的承诺及项目团队的热情相比，交付方式显得并不那么重要。我们介绍的每个项目其交付方式都不同，前期投入也相对合理，而且每个项目的环保水平都很高，所有项目都比规定的能源利用效率底线高出50%以上。

一种新的交付方式有可能成为最佳选择：精益建造。精益建造是以生产管理方法为基础的项目交付方法。根据精益建造方法，建筑师、承包商和业主通过合同被绑定在一起，联系紧密。

精益建造的主要特点如下。

① 建筑及交付过程统一设计，可以更好地展示和支持客户意图。

② 这项工作的设定贯穿于整个过程中，以实现项目交付水平上的价值最大化，减少浪费。

③ 所有的管理和提高性能的努力，都旨在提高整个项目的质量，因为这个目标的实现

比降低成本或增加任何行动的速度更重要。

第二节　BIM 与整合设计的关系

一、BIM 推动整合设计的发展

事实上 BIM 和整合设计是相辅相成的，现在对实现协作流程的建筑模拟和性能工具是有需求的。BIM 和整合设计共同协助设计专业人员实现他们最终的目标：精心设计的建筑运作正常，向业主提供预期的结果，高性能的建筑使所有相关的人受益，甚至包括以后的人。有些人甚至认为整合设计是建造高性能建筑的前提：由于重要成员早期便参与其中，整合设计能确保每个人都在同一层面，在同一个时间，朝着同一个目标，实现同一个结果。

BIM 为整合设计团队提供项目可视化、设计性能分析、规范检查、建筑系统干扰检查、工程量估算和施工方案落实的功能；同时 BIM 使业主能通过全项目周期建模来维护管理设施。

建筑信息建模技术让整合设计发展起来，鼓励设计和施工队之间共享信息，并为之提供了手段和渠道。

参加整合实践/项目研讨会的每个人都看到了一张图：建筑信息模型（BIM）位于一个交易环的中心。这张图体现出一种新的商业流程，而模型存储了建筑生成或运行所需的全部数据。这个模型面向一个巨大群体接收和发布信息，包括专业人员、租户、维护工人、应急人员等。图中描绘了一个假想环境，其特征是将整合制造过程叠加在施工行业活动上。设计工具 BIM 取代了位于整合制造过程核心的项目周期管理软件。

二、整合设计流程的阶段

在 IPD 中，AIA 的建筑实践阶段（SD、DD 和 CD）改成了"概念化""标准设计""详细设计"以及"实施文件"和"项目收购"。整合项目交付方法有八个连续的主要阶段。

① 概念化阶段（扩展的"建筑策划"）。
② 标准设计阶段（扩展的"方案设计"）。
③ 详细设计阶段（扩展的"扩初设计"）。
④ 实施文件阶段（"施工图"）。
⑤ 机构审查阶段。
⑥ 收购阶段。
⑦ 施工阶段。
⑧ 收尾阶段。

三、整合设计的前提条件

整合设计成功的前提条件包含以下内容。
① 所有团队成员和利益相关者共同合作。
② 从一开始就无条件地信任。
③ 完全透明的信息共享。
④ 共同的风险和回报。
⑤ 情商和社交能力，包括管理消极的情绪和调动团队活力。
⑥ 监督组织行为。

四、整合设计的原则

更多的设计时间意味着更少的施工时间。

有时简短的语句更容易掌握和回忆，而不是冗长的言论或相关的解释。它们代表了整合设计的精髓。

① 缩短施工时间会降低成本。

② 各方为了项目的利益进行合作。

③ 项目是第一位的。

④ 成果比自我重要。

在首次进行整合设计时，有以下几点需要注意：

① 建筑师必须学会适应一些风险，并且要每天多接受一些风险；

② 建筑师要适应与他人分享设计职责；

③ 要有一个执行方担任项目的董事会——至少包括项目的业主、建筑师和承包商——通过协商一致做出决定，而不是命令；

④ 没有"等"这个概念。整合设计是一个非线性的过程。在过去的交付方法中，电气工程师要"等"套管定位后才显示标准面以下的管道；而整合设计中没有"等"。整合设计是协调的，因为它的运行和决策是与其他方面同步的。

建筑师始终以非线性的方式进行设计。设计过程本身是整合的——不论在教学中以怎样的图示描述这一过程，建筑师都不会用线性的方法设计。建筑设计师必须尽力维持各方面的连续运转——无论是设计一栋房子还是高层建筑——关注建筑的朝向和选址、预算、政治利益、规范的要求、公司的定位、风格的偏好、客户的倾向、电梯的数量和位置，所有这些都必须与上方的屋顶洞口和下方的停车场协调好。

五、克服整合设计的阻碍

再次重申：对于 BIM 更重要的是，与你组队的人都相互熟悉并能舒适地使用该技术；而对整合设计更重要的是，你信任团队的成员并与认识的人合作。如何调和这两个看似矛盾的情况，将经过很长的时间决定流程的成功（图 7-5）。

如果建筑和施工行业的专业人员迟迟没有融入整合设计的潮流，会有哪些阻碍？

① 沟通。从设计专家研讨会开始。

② 使用模型信息的潜在责任。

③ 为工作的设计成本、质量和进度制定标准。

④ 透明度——你对开放式工作和对团队成员无保留的舒适程度。

⑤ 项目的整个工期都有成本——直到潜在的收益在项目完成时全部分配。最初的先期工作通常也有成本，并在最后得到回报——这是在项目推进的前提下（项目做与不做的问题）一些开发商不愿承担的风险。

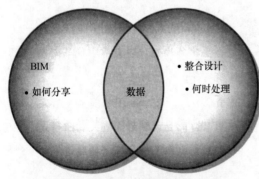

图 7-5 BIM 改变了数据共享的方式，整合设计改变了数据处理的时间点

⑥ 反常规地在第一天签订合同——而不是在项目设计的同时，与律师反复修改合同，直到发出许可证之前才签字。

⑦ 让设计师接受反常规的负责标准。

⑧ 丢下悠久的敌对关系，以更开明并具有挑战性的方法行事。

⑨ 与团队中其他人协作本身是一个阻碍，因为虽然大多数人都在团队中工作过，但是很少有人知道真正的合作意味着什么，更少有人被要求这样做。期望人合作是很好的，但在设计专业人员的培训或施工人员的经历中，什么时候学习过这样做呢？

⑩ 信任也是如此：要你相信彼此，但怎么才能做到呢？新角色会威胁我们的身份，尤其是在多年敌对关系的基础上。

⑪ 共享信息、保证互用性和保持透明度。

⑫ 责任和义务。

有人问 Howard W. Ashcraft Jr.："美国法律制度是否已可用于 IPD 和 BIM？"他回答说："合同还在不断完善。我们需要针对 BIM 和 IPD 应用优化合同，这将符合法律的构架。还有一些附属问题没有确定下来，比如职业许可、第三方责任和保险；但我不认为这些都是应用 IPD 的巨大障碍。更大的阻碍是人们长期以来已经习惯了按照这样的合同关系做事。他们不得不抛弃很多东西"。

当被问道："建筑师和工程师是否需要更多地'承担'他们的风险？"Ashcraft 说："在施工过程中让自己脱离责任并与其他各方分隔开的情况已十分严重。这绝对不是一个成功的策略。人们更需要接受整个过程的责任，并确保不发生超成本和故障等不良事件。"

六、BIM 与整合设计的常见问题

① 为什么要整合设计？为什么不是整合项目交付（IPD）？它们有什么区别？

可以把整合设计看成更大、更全面的类别，包括 IPD 合同和交付方法以及工作流程、社交智商和思维方式。IPD 的重点在于合同和合同关系，是整合设计的部分内容，其中包括团队成员的责任和工作流程的问题。

②"整合"意味着什么？

过去的流程是线性的。在没有整合的情况下，决策效率低，并是依次进行的。

③ 整合设计与设计—施工有什么不同？

设计—施工通常是承包商主导，有时是建筑师主导，而整合设计的核心团队是由业主、建筑师和承包商共同组成的。

④ 可以不通过整合设计使用 BIM 吗？或者能不使用 BIM 实现整合设计吗？

可以实现二者中的任何一个，但 BIM 能够实现整合设计。

⑤ 整合设计整合了什么？

人——他们的天赋和见解、系统、商业结构和实践。在其他地方，"整合式"设计有时用来指永不分解的持续性过程。而整合设计侧重于流程，毫无疑问最终的结果是整合了所有利益相关者、团队成员和技术的设计。

⑥ 谁从整合设计中受益？

有一种观点认为，所有人都在为业主牺牲。业主受益最大，其次是承包商，最后是建筑师和设计团队的其他人，如果他们有收益的话。事实上，考虑到时间、信任、透明度，以及每个人付出的大量努力，所有人都身心俱利。谁参与得多，谁获益多，整体效益也越多。对于整合设计，重点是业主、业主的需求以及最终的结果，即为提高价值和减少浪费而优化的建筑。

⑦ 整合设计与可持续性有什么关系？

整合设计流程提高了项目成果具备可持续性的可能性。因为利益相关者从项目最初阶段就在一起，以积极和协调的方式进行决策——从建筑的选址和朝向到绿色构件的规格。通过利益相关方的早期干预和自下而上地考虑朝向、选址、建筑策划和设计、材料和系统、建筑构件和产品之间如何相互影响的问题，整合设计流程为实现可持续建筑设计提供了策略。相对于可持续性专家的独立工作，整合设计意味着结合团队所有成员见解和经验的整体协作方式。

⑧ 哪一方从整合设计中受益最大？

虽然所有参与方都从整合设计的工作中获益，业主通常在经济上的收益最多。其次是承包商，最后是建筑师。但建筑师也有其他更内在的方式从这一过程中获益，从而平衡了各个方面。

⑨ 在整合设计工作中哪一方风险最高？

在多方协议中，各方都可能面临新的风险，但各方也共担这些风险。

⑩ 为什么要整合设计？行业中推动变化以及相关专业变革的是什么？

不断发展的技术是一个动力。一言以蔽之，就是浪费。业主对更高质量、更短时间和更低成本服务和施工的需求（完美的建筑、立刻建成、全部免费）。

⑪ 仅靠 BIM 就足以解决问题，而不需要其他了吗？引入整合设计是否带来了不必要的复杂化？

整合设计流程排除了传统上阻碍整体成功的障碍，使工作关系和决策过程简化和流水化。对于用更短的时间、以更低的成本实现更加协调和完备的项目的目标，整合设计是从概念到竣工两点之间的最短距离。

第八章

BIM工程项目设计应用案例

一、某综合楼项目 BIM 应用

1. 概况

① 某项目是由甲建筑设计院自主设计、自主施工，并持有运营的建筑总承包项目。目标是建造成为一个舒适、低碳的示范性绿色建筑，为研发人员提供舒适、便捷的办公环境，并将绿色建筑的理念恰到好处地贯穿整个设计过程，最大限度地保护环境和节约资源。项目以建成高标准的绿色建筑为目标：国家三星绿色建筑、USA LEED 金奖认证、新加坡 GREEN MARK 白金奖认证。此外，建设项目还具有总成本要求精细化控制、建筑设计要求精细、工期紧张的特点。

② 此综合楼集办公、研发、接待、会议和设备用房为一体，由两幢建筑组成：科研楼呈 "L" 形，位于场地南侧；停车楼于 B 座办公楼拆除后兴建，位于场地北侧。科研楼主体地上 10 层，地下 1 层，主体建筑高 45m，为框架-剪力墙结构体系，包括研发部、设计部、接待室、会议室、办公用房等；停车楼地上 4 层，地下 1 层，建筑高度 13m，为钢结构体系，主要功能为地上机动车、非机动车停车，地下平时作为机动车存放，战时五级人防工程。

③ 由于绿色建筑的高要求，甲建筑设计院采用 BIM 技术，应用到建筑的规划、设计、施工阶段乃至全生命周期，以期达到优化设计质量、节约成本、提高施工效率、缩短施工时间等目的，同时考虑运营维护阶段的 BIM 应用，预留数据接口以便传递可用的信息。

④ 建筑造型应能良好地适应周围环境，设计追求简约、朴素、大方的现代建筑风格，秉承可持续发展观与环境和谐共生的理念，将绿色建筑和节能环保的理念结合到设计中，实现建筑功能需求与美感的和谐统一。

2. 概念设计阶段 BIM 应用

在项目的前期规划阶段，利用 BIM 数据模型进行光热分析等，为建筑位置和形体的确定提供可靠的支持。

① 场地风环境模拟：利用场地环境数据模型，导入 CFD 软件进行风环境分析。通过计算分析得出，场地风环境满足绿色建筑要求，但场地风速过低，不利于春秋两季的自然通风（图 8-1）。

② 场地日照分析：利用场地环境的数据模型，通过分析得出，太阳辐射量呈南北梯度分布，冬季最为显著，场地受周围建筑遮挡严重（图 8-2）。

③ 局部日照分析：重点分析了北侧居住建筑的日照遮挡情况，为建筑物的规划布局方案提供建议（图 8-3）。

图 8-1　结合 BIM 技术的场地风环境模拟

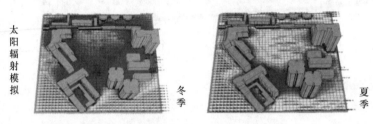

图 8-2　结合 BIM 技术的场地日照分析

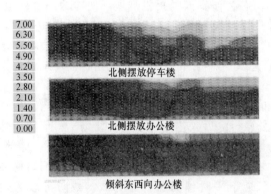

图 8-3　结合 BIM 技术的北侧及
东西向建筑日照分析

④ 凭借与 BIM 技术结合的光热分析结果，设计师方便地总结了场地环境的优势与劣势，并综合规划部门要求、分期建设等多方面因素，确定了概念设计阶段较为合理的建筑形体（图 8-4）。

3. 方案设计阶段 BIM 应用

项目方案设计阶段，结合 BIM 技术完成了组织空间、优化建筑造型等设计工作。

① 分配平面空间：建筑空间分配需要适用于部门的构成，以体现其实用性。在方案设计阶段，为了提高设计工作效率和设计质量，设计团队结合 BIM 模型对体块进行推敲，并在很短的时间内得出平面空间分配数据，通过 BIM 技术实现了数据与模型的实时交互。

图 8-4　综合考虑确定建筑形体

② 能耗分析：为满足高标准的绿色建筑要求，在设计工作进一步开展前，直接将 BIM 数据导入 Autodesk Ecotect 或 IES 等环境分析软件，对初步确定的方案进行能耗分析，并

对重点区域进行深化分析，总结方案的优缺点，结合可持续发展要求提出设计指导意见，让设计师能在设计过程中更有针对性地敲定方案。

为得到各立面的窗墙比建议值，对体块模型各个立面进行日照分析（图 8-5）；进一步模拟地块内风环境，分析不同高度、风速、风压下的情况，以指导方案设计（图 8-6）。

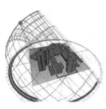

建筑东立面受遮挡比较严重，窗墙比应为0.4~0.5。

建筑西立面基本无遮挡，窗墙比应为0.4。

西南立面

建筑南立面受遮挡较多，窗墙比应为0.4~0.5。

建筑北立面受遮挡较多，窗墙比应为0.4~0.5。

东北立面

图 8-5   利用采光分析数据指导立面窗墙设计

(a) 风环境分析   (b) 设计调整

图 8-6   通过地块内风环境分析指导设计

若在方案设计初期就通过光热分析确保方案满足绿色建筑要求，可以避免后期方案设计的重大变更。

③ BIM 用于方案比选：结合 BIM 技术的绿能分析辅助方案比选，设计师可以很轻易地选择出最佳方案，并在可视化的备选方案中寻找亮点，加入方案设计中以达到优化的目的（图 8-7）。

4. 初步设计阶段 BIM 应用

利用 BIM 技术三维可视化的优势进行方案设计，在工作流程和数据流转等方面做出调整，以期设计效率和设计成果质量的显著提升。

• 节能措施分析

此方案在设计中充分考虑通过空腔墙体整合室内气流组织、利用太阳能、拆改建筑材料回收利用等绿色建筑理念

此方案从建筑设计风格上充分考虑采用呼吸式幕墙设计，通过被动措施优化室内气流组织，从而达到节能效果

图 8-7   针对不同方案的绿色建筑措施分析

① 精细化设计：为了提高设计质量，可以利用 BIM 技术三维设计的优势，对二维设计中难以表现的部位进行精细化设计，达到充分利用空间的目的。例如，楼梯间下部空间容易被忽视，在传统二维设计时很难明确空间尺度，结合 BIM 的可视化特点，对这类空间进行了精细化设计，有效提高了空间利用率（图 8-8）。

② 多专业协同：三维环境使多专业的协同过程得到优化，将施工图设计的部分工作前移至设计初期，比如，走廊等管线密集部位的管线综合，计算及分配吊顶空间。采用 BIM 技术的三维设计方式，将管线综合工作前移，改变了传统设计流程，有效地实现多专业协同设计，比传统单专业分别检讨节省了大量时间，达到设计阶段就能及时发现碰撞问题的目的，使后期工作量明显减少（图 8-9）。

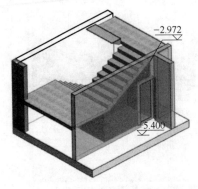

图 8-8 三维设计充分利用空间

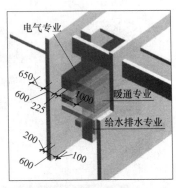

图 8-9 优化各专业的协同工作

③ 建筑深化设计：结合 BIM 技术进行建筑方案的深化设计分析，提出可再生能源利用策略、方法和确定绿色建筑节能措施等。其中包括：气流组织分析，整体分析此阶段的 BIM 模型，得到地块的自然通风数据，再分析建筑内部气流组织，为设计优化提供指导。根据分析结果增加墙体通风口，使东、西朝向的房间满足自然通风要求，实现了不同朝向房间的通透（图 8-10）。

图 8-10 气流组织分析

利用环境分析软件结合 BIM 数据计算得出屋顶太阳能辐射量，用来辅助决策，确定采用太阳能集热器方案（图 8-11）。甚至在 BIM 模型中建立太阳能集热器族，利用参数化设计，规划平面排布位置，再返回环境分析软件，进行整体太阳能平衡计算。

5. 施工图设计 BIM 应用

① 使用 BIM 软件出图：此项目做到了建筑专业的 100% 出图，实现了三维至二维图纸的信息传递，而且其他专业亦能达到部分出图要求，圆满完成了设计任务。由于项目结合了 BIM 技术进行三维设计，对复杂的空间关系可以清晰地展现。总之 BIM 技术突破了传统二

图 8-11 通过分析软件对建筑物屋顶的太阳辐射量进行计算

维绘图模式的局限，使复杂节点的说明更加清晰生动。

② 优化施工方案：利用 BIM 模型在施工图设计的预先规划施工阶段实现了施工方案预排布。利用设计阶段的 BIM 数据，按照施工需求去整理、深化、拆分模型，结合施工，形成施工所需的模型资源。结合实际施工工法，预留管线安装空间，进一步优化管线复杂部位，甚至模拟细部施工方案，显著提高了项目的可实施性（图 8-12）。

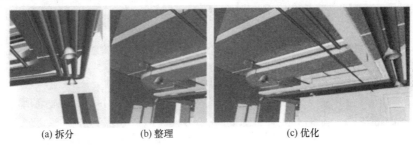

(a) 拆分　　　　　(b) 整理　　　　　(c) 优化

图 8-12 结合施工工法进行管线排布优化

③ 建模标准：构建规范的设计阶段 BIM 模型标准，以确保建筑全生命周期数据的有效传输。基于设计阶段的 BIM 模型，补充附属构件以满足施工需求，并设置设计模型的编码体系，进一步细分模型，达到算量、排期的需求（图 8-13）。

图 8-13 针对设计模型进行编码体系设置

④ 运营维护需求：规范的设计阶段 BIM 模型标准，是运营维护阶段对 BIM 数据有效利用的前提。例如，机电专业在设计阶段模型搭建过程中，在构建设备族库的时候，需要充分考虑后期运营维护中可能用到的参数，为运维信息更新录入提供接口。建立多个工作集分配不同的设备系统，为后期运维的不同需求提供方便（图 8-14）。

新建项目，运用 BIM 技术辅助设计，较好地解决了绿色建筑高标准的要求，完成了建筑功能相关的设计任务。

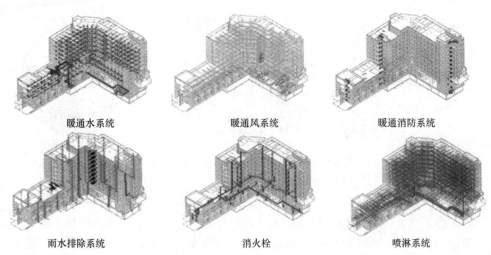

暖通水系统　　　　　　　　暖通风系统　　　　　　　　暖通消防系统

雨水排除系统　　　　　　　　消火栓　　　　　　　　　　喷淋系统

图 8-14　针对不同设备系统建立不用的工作集

二、某园区项目设计（应用 BIM-Revit 信息化建模设计的项目）

某社区的总部坐落在××生态城的核心地块，原来是一片郊野丘陵。整体开发通过引水灌溉，将场地广袤低位变身湖泊，隆起的地貌则化为一个个小岛，之间以路桥以及小艇驳岸相连，强力的人工改造地貌为水岸生态区。用地曾是水鸟栖息地。

总部园区包括办公、会务、展厅、报告厅、员工餐厅、休闲配套等完整功能，遵循规划布局原则是：内部资源分配上为主要办公区争取最大看湖景观面；与外部环境则是建筑体量碎片化与景观化。通过实体模型研究，把办公及会务功能分为六幢3～5层楼布置，配套功能及停车设置在两层地库中，建筑轮廓追随地形高差沿湖错落起伏，保持岛屿形态下，也争取最大的自然采光面。

低反光的锌板屋顶呈现片段的翻动，成为有趣的景观造型（图 8-15），其屋顶细部见图 8-16。

图 8-15　屋顶景观

图 8-16　屋顶细部

　　漫步园区，建筑体量刻意低矮以露出树梢，转折错动的幕墙玻璃折射出重叠或片段的环境，外露的钢楼梯可以呈非对称角度挑出，与遮阳表皮构成了强烈的光影效果，低反光的锌板屋顶呈现片段的翻动，成为远处的高层建筑有趣的景观造型。办公建筑设置整体抬起的人造地形下，不同的部门分布在 6 幢建筑间，以天桥及户外楼梯及地库连接为整体；半埋的地景建筑除了呼应岛屿状的标高变化，也以整体停车区及外挑在水面的员工餐厅及接待会所，提供了整个总部办公区的配套功能。

　　天桥和户外楼梯将建筑连接为整体（图 8-17）。

　　外露的钢楼梯与遮阳表皮构成了强烈的光影效果（图 8-18）。

图 8-17　户外楼　　　　　　　　　　　　图 8-18　钢楼梯与遮阳表皮互影

夜景如图 8-19 所示。

图 8-19　夜景

渲染图如图 8-20 所示。

剖面轴测图如图 8-21 所示。

楼梯剖面轴测图如图 8-22 所示。

首层平面图如图 8-23 所示。

图 8-20　渲染图

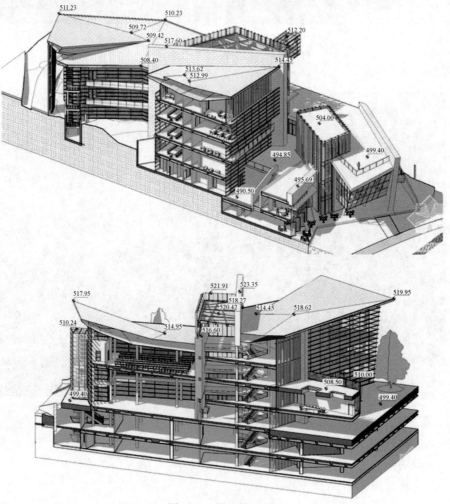

图 8-21　剖面轴测图

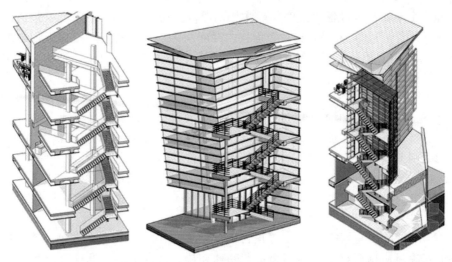

图 8-22   楼梯剖面轴测图

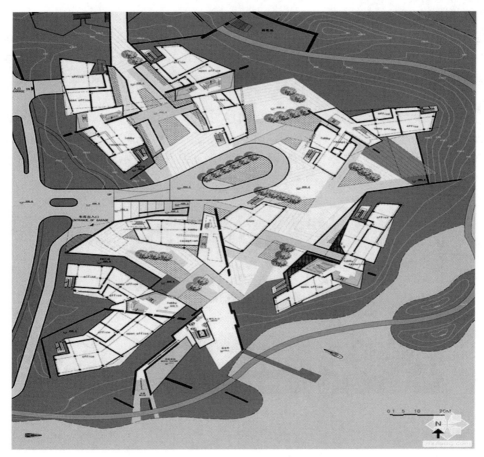

图 8-23   首层平面图

三、某写字楼 BIM 设计应用（全过程）

1. 第三方 BIM 团队的服务模式

以业主利益为优先原则，根据工程建设不同进度、阶段，不同分项的需求，由独立的

BIM团队提供全专业、全过程跟进的伴随式协同服务。BIM团队的主要构成包括：建模团队（由有建筑专业背景的人员构成）；工程技术顾问团队（由具备多年工程设计施工经验的人员构成）；软件开发团队。建模范围包括但不限于建筑、结构、机电、幕墙、钢结构、装饰、市政、景观等专业。

2. BIM协作平台及方式

① BIM前期问题汇总报告。通过分析项目资料及设计图纸，根据分项需求，BIM团队快速进行初步模型搭建，并提前出具专业问题、优化建议等BIM汇报，供多方协商讨论，如为重大问题则上会提报；根据结论BIM团队继续进行模型调整更新、深化完善。

② 云端共享中心。工程项目资料、BIM过程模型共享至云端，项目管理人员、专业人员等工程参与方通过其本地客户端软件使用模型进行各种问题交互，BIM团队负责实时更新过程模型文件。

③ 各个分项讨论会、协调会、工程项目例会。基于BIM直观展示各种疑义、问题、方案比对，通过项目协调会议、每周例会进行快速明确、协商解决。设计阶段和施工阶段的BIM协作方式图解。

3. 大型地下室机电管综的BIM技术应用案例分析

超高层建筑机电专业系统的复杂性体现在：①系统多包括空调、通风、消防、给水、排水（污、废、雨）、强电、弱电、智能化等；②设备机房多；③主管管径大，分支管线密集等。本项目的地下室机电管线施工对各参与方都是一个挑战，前期的系统梳理、沟通、管综排布、设计优化尤为重要。

地下4层机电系统管综的BIM前期协同周期为：2014-02-20～2014-11-14（施工逐步开始进场），其中2014-02-20～2014-07-02，BIM团队与业主设计部、工程项目管理部及施工分包一起完成了地下4层机电系统的初步协同工作，如图8-24所示。

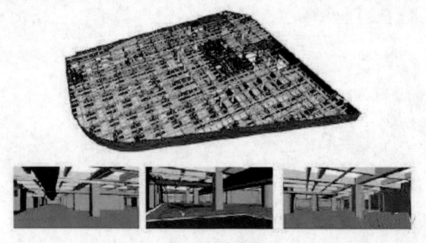

图8-24　初步协同

4. 地下室BIM模型初步

由于工程工期紧张，业主要求BIM的建模速度要快，在土建施工前，应首先解决土建预留预埋的校核问题。2014-02-20完成BIM各专业初步模型链接（机电模型完善度满足50mm以上管径），并出具初步汇总报告。

5. 分项BIM汇总报告（部分）

第1个BIM协同应用的任务是扫除土建预留预埋遗漏问题。表8-1为预留预埋问题数据统计，该项目地下室仅暖通专业共计 17 处预留洞口土建施工图纸遗漏表达（剪力墙平均 0.7m²/个），其他还有楼板、给排水管道预留预埋等问题，通过 BIM 的三维模型大部分在早期提前发现，出具设计变更予以解决，避免了后期的敲打补强对结构的损伤以及签证费用。

表 8-1　预留预埋问题汇总（暖通专业）

分项名称	描述	数量	位置
土建预留遗漏	消防加压风口 1500mm×1500mm,结构剪力墙未预留	1	地下夹层①~Ⓚ轴
土建预留遗漏	排风管井结构剪力墙未预留,4 个 800mm×500mm,1 个 400mm×200mm	5	地下夹层④~Ⓜ轴
土建预留遗漏	新风管井结构剪力墙未预留,1250mm×250mm	1	地下夹层⑤~Ⓗ轴
风管与结构梁冲突	消防楼梯间加压风口 1500mm×1000mm,与结构梁冲突	1	地下 1 层①~Ⓚ轴
土建预留遗漏	排风管井结构剪力墙未预留,1200mm×600mm,1200mm×800mm 各 1 个	2	地下 1 层①~Ⓚ轴
土建预留遗漏	排风管井结构剪力墙未预留,1600mm×500mm,1500mm×800mm 各 1 个	2	地下 1 层④~Ⓚ轴
土建预留遗漏	排风管井结构剪力墙未预留,1000mm×400mm	1	地下 1 层⑤~Ⓗ轴
土建预留遗漏	排风管井结构剪力墙未预留,1200mm×600mm	1	地下 2 层①~Ⓚ轴
土建预留遗漏	排风管井结构剪力墙未预留,2000mm×400mm	1	地下 2 层④~Ⓜ轴
土建预留遗漏	排风管井结构剪力墙未预留,1600mm×500mm	1	地下 2 层⑤~Ⓗ
土建预留遗漏	排风管井结构剪力墙未预留,1600mm×1200mm	1	地下 3 层⑤轴
小计		17	

6. 雨水排水管敷设

管线布置问题的提前暴露建模过程实际又完成了一次设计图纸校审工作，二维设计较难协同到位的地方，通过三维模型的搭建更容易、直观地予以发现，并明确。图 8-25 所示的夹层机电管线密集、后期施工难度大的区域提前暴露，提交专业部门协商。BIM 初步管综意见：BF～B3 层核心筒至设备房 Z 形走道区域无法进行管线综合，必须设计变更调整（后期设计变更把电气桥架大部分转移出去）。

图 8-25　夹层机电管线密集区域模型

机电管线优化前期机电管线的优化极有助于项目的后期施工及成本控制。以地下 BF～B1 层北侧机房大尺寸管线优化为例：DN500mm 空调冷冻水管、DN600mm 冷却水管、φ600mm 柴油发电机房排烟管各 2 根，原设计走向如图 8-26（a）所示，沿途对层高及其他机电管线布置造成影响，如图 8-26（b）所示。

通过 BIM 的提前模拟，问题暴露后，由业主设计部会同设计单位进行反复分析、讨论，优化调整后的设计走向如图 8-26（c）（d）所示。设计优化的前后数据比较，如图 8-27 所示。夹层、1 层北侧机房机电大尺寸管线优化成果如下。

① 层高优化解决局部区域层高 1.2m 及 1.8m 问题，大部分区域净高控制为 2.3～2.4m。

② 增加车位 11 个，按 50 万元/个，共 550 万元。

③ 管线优化保温水管 $DN500mm$、$DN600mm$ 合计减少 88.2m，弯头配件减少 12 个；螺旋不锈钢风管 600mm 减小 22.6m，弯头减少 4 个。

④ 其他提高施工效率，美观度；减少后期拆装次数及签证费用等。

地下夹层及 1 层北侧机电系统部分利用移动端设备进场施工。

(a) 原设计的6根大管径走向(不显示其他机电管线)

(b) 原设计6根大管径沿途对层高及其他机电管线布置的影响

(c) 优化设计后的6根大管径走向(不显示其他机电管线)

(d) 优化设计后的地下室室内空间

图 8-26　机电管线优化过程

7. 地下室机电管综 BIM 深化及层高控制

经过 BIM 初步协同，解决预留预埋、碰错碰漏、管线系统设计优化后，BIM 模型同步调整、更新，提供地下部分 BIM 协同汇报，根据 BIM 深化模型，开始会同设计部、工程管理部逐层、逐个区域制定机电系统的管线布置、地下室层高控制原则。同时对每层每个区域的难点继续协作攻克。应工程部要求，逐步提供机电管线系统的主材工程量供业主参考；进

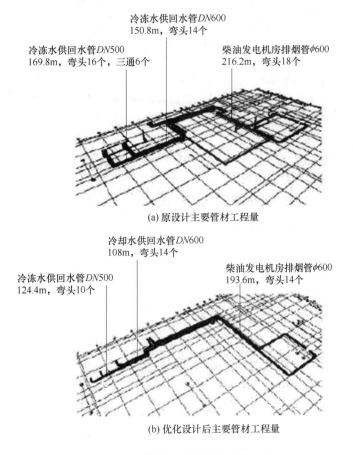

冷冻水供回水管*DN*600
150.8m，弯头14个

冷冻水供回水管*DN*500
169.8m，弯头16个，三通6个

柴油发电机房排烟管*ϕ*600
216.2m，弯头18个

(a) 原设计主要管材工程量

冷却水供回水管*DN*600
108m，弯头14个

冷冻水供回水管*DN*500
124.4m，弯头10个

柴油发电机房排烟管*ϕ*600
193.6m，弯头14个

(b) 优化设计后主要管材工程量

图 8-27　主要管材工程量优化前后对比

行部分采购品牌设备的模型替换及安装校核工作等；地下室机电管线施工开始大面积铺开。

　　本项目执行了较为完整的全专业、多方参与的 BIM 协同，仅选取地下室机电系统分项作为案例介绍。1 年期的 BIM 协作取得了一定的成果，但对 BIM 技术的深广度而言，仍存在许多未达预期的不足，如技术成熟度、多方协作的紧密程度、共享中心文件的管理、实际施工的协同等。如项目更早期在方案或初期设计阶段导入 BIM，会在层高压缩、建筑面积利用率（管井、设备机房等）以及管线走向等方面给予项目更大的价值贡献。根据合同 BIM 的协同工作还在继续，地下 4 层 BIM 全专业链接模型如图 8-28 所示。

图 8-28　地下 4 层 BIM 全专业链接模型

参 考 文 献

[1] 张建平，余芳强，李丁，等. 面向建筑全生命期的集成 BIM 建模技术研究 [J]. 土木建筑工程信息技术，2012 (01)：6-14.

[2] 龙文志. 建筑业应尽快推行建筑信息模型（BIM）技术 [J]. 建筑技术，2011，42（01）：914.

[3] 李犁，邓雪原. 基于 BIM 技术的建筑信息平台的构建 [J]. 土木建筑工程信息技术，2012（02）：25-29.

[4] 杨远丰，莫颖媚. 多种 BIM 软件在建筑设计中的综合应用 [J]. 南方建筑，2014，04：26-33.

[5] 吕健. 目前国内主流 BIM 软件盘点 [J]. 建筑时报，2014-12-15 (07).

[6] 杨佳. 运用 BIM 软件完成绿色建筑设计 [J]. 工程质量，2013，02：55-58.

[7] 王婷，肖莉萍. 国内外 BIM 标准综述与探讨 [J]. 建筑经济，2014，05：108-111.

[8] 李春霞. 基于 BIM 与 IFC 的 N 维模型研究 [D]. 武汉：华中科技大学，2009.

[9] 李犁，邓雪原. 基于 BIM 技术建筑信息标准的研究与应用 [J]. 四川建筑科学研究，2013，39（04）：395-398.

[10] 刘占省，王泽强，张桐睿，等. BIM 技术全寿命周期一体化应用研究 [J]. 施工技术，2013，43（28）：91-85.

[11] 徐迪. 基于 Revit 的建筑结构辅助建模系统开发 [J]. 土木建筑工程信息技术，2012，4（03）：71-77.

[12] 胡作琛，陈孟男，宋杰平，等. 特大型项目全生命周期 BIM 实施路线研究 [J]. 青岛理工大学学报，2014，35（06）：105-109.

[13] 肖良丽，吴子昊，等. BIM 理念在建筑绿色节能中的研究和应用 [J]. 工程建设与设计，2013（03）：104-107.

[14] 隋振国，马锦明，等. BIM 技术在土木工程施工领域的应用进展 [J]. 施工技术，2013（52）：161-165.

[15] 王勇，张建平. 基于建筑信息模型的建筑结构施工图设计 [J]. 华南理工大学学报（自然科学版），2013，41（3）：76-82.

[16] 卢岚，杨静，秦嵩，等. 建筑施工现场安全综合评价研究 [J]. 土木工程学报，2003，36（9）：46-50，82.

[17] 杨德磊. 国外 BIM 应用现状综述 [J]. 土木建筑工程信息技术，2013，05（06）：89-94，100.

[18] 何关培. BIM 总论 [M]. 北京：中国建筑工业出版社，2011.

[19] Kimon Onuma. BIM Ball-Evolve or Dissolve：Why Architects and the AIA are at Risk of Missing the Boaton Building Information Modeling（BIM）. http：//www. bimconstruct. org/steamroller. html，2006.

[20] Mimi Zeiger. Role Models：A Digital Design Guru at SOM Looks to the Future of BIM. Architect，2009-1-17. http：//www. architectmagazine. com/bim/role-models. aspx.

[21] Kristine Fallon. Interoperability：Critical to Achieving BIM Benefits. aiawebdev2. aia. org/tap2_template. cfm? pagename＝tap_a_0704_interop. 2007.

[22] Paul Durand. Winter Street Architects Blog；Biting the BIM Bullet. 2009-08-20. http：//winterstreetarchitects. wordpress. com/2009/08/20/biting-the-bim-bullet/.

[23] BIM Manager. Five Fallacies Surrounding BIM. July 1，2009. http：//www. bimmanager. com/2009/07/01/fivefallacies-surrounding-bim-from-autodesk/.

[24] Patricia Williams. Managing Change Poses Challengeas BIM Gains Traction. http：//www. dcnonl. com，2009.

[25] Laura Handler. BIM Claima. 2010-1-18. bimx，blogspot. com/2010/01/bim-claims. html.